DEVENEZ ASTRONAUTE !

Du même auteur

Essais

Le jeune Ferenczi, Aubier-Montaigne, 1983.
L'inachevé, Grasset, 1984.
A l'écoute de votre enfant, Hachette, 1985.
Pour Saint Augustin, Grasset, 1988. Traduit en Italien. Editions Borla, Rome, 1991.
Traité de psychodrame d'enfants, Privat, 1990. Traduit en Italien, Editions Magi, Rome, 1992.
Ferenczi : De la médecine à la psychanalyse, P.U.F., 1993.
Le plaisir de penser, La Bruyère, 1999.
Journal d'un psychanalyste, L'Harmattan, 2000. Traduit en italien, Édition Magi, Rome, 2002.
Pourquoi devient-on malade ?, L'Harmattan, 2003.
Un nouveau regard sur l'anorexie. L'Harmattan, 2007. Traduit en italien, Editions Magi, Rome, 2009.
Journal d'un psy rebelle, L'Harmattan, 2009.
Guérir par le théâtre thérapeutique, essai de psychodrame existentiel, L'Harmattan, 2010. Traduit en russe, Moscou 2014
Folies et traitements insolites de par le monde, Paris, L'Harmattan, 2012.
Clancier : les mystères d'un poète centenaire L'Harmattan, 2013.
Le Dur métier de psychologue, L'Harmattan, 2014. Traduit en russe, 2017
Eloge de nos angoisses, L'Harmattan 2015.
Antisuicide, L'Harmattan, 2016.

Théâtre

Le fou d'Araucanie, 1995.
Gal Potha, 2002.
Europe, 2006, L'Harmattan, 2007 (texte + DVD), traduit en grec, 2008.

Récits

Le fou d'Araucanie, Lierre et Coudrier, 1990.
Paroles de père, Lierre et Coudrier, 1991.
La fête des pères, Vinci, 1995.

Contes

Histoires du feu, Grasset, 1992.
Quatre contes pour Clarisse, Vinci, 1995.
Contes et rêveries d'un psychanalyste, SDE, 2004.

Vous pouvez consulter le site de l'auteur à l'adresse suivante : www.claudelorin.com

Claude Lorin

DEVENEZ ASTRONAUTE !

Psychologie et conquête spatiale

L'Harmattan

5-7, rue de l'Ecole-Polytechnique, 75005 Paris

http://www.editions-harmattan.fr

ISBN : 978-2-343-12962-4
EAN : 9782343129624

« L'âme de l'homme
Est semblable à l'eau :
Elle vient du ciel,
Elle monte au ciel
Et se doit de retourner à la Terre. »

Johann Wolfgang Goethe

« Un savant doit gagner sa vie avec un métier de savetier. »

Albert Einstein.

« Il n'y a pas de dieux dans le ciel. Les astres, le Soleil et la Lune sont comme des pierres incandescentes, et la Lune, formée de terre, reflète la lumière du Soleil. »

Anaxagore (-500 av JC; - 428avJC)

Kathioush私の美しい妻
愛をこめて

Kathioush, watashi no utsukushī tsuma.

Ai o komete

Sommaire

AVERTISSEMENT

Ce livre, plein de paradoxes, ne plaira pas à tout le monde. Initialement, je l'avais écrit pour tout public et je me rends compte en l'achevant, qu'il est une tentative d'évasion parfaitement élitiste. Il aurait pu s'intituler « Devenez un être d'exception ». Et cela, par définition, n'est pas franchement à la portée de tous. Mais après tout, si vous acceptez une certaine « déterritorialisation » consistant à prendre une distance respectueuse avec le quotidien terre-à-terre égalitariste et parfois médiocre et que pour vous, être fougueux et réfléchi n'est pas plus incompatible que le sont les joies de l'intelligence avec celles du cœur, alors vous pouvez continuer la lecture. Il est clair aussi que ces contradictions apparentes trouvent une issue dans un projet individuel qui dépend au fond toujours d'un ordre collectif. Car ce que réalisent les personnes d'exception est nécessairement lié à une puissance d'organisation intellectuelle et technique qui dépasse celle de tout individu. En cela c'est un moyen de mesurer la grandeur de ce que peuvent réaliser ensemble des hommes que parfois tout oppose. Je dédie ce livre, parmi mes étudiant(e)s, aux futurs Gagarine et Aldrin qui goûteront les joies indicibles de la découverte d'autres mondes du côté de Mars ou des lunes de Saturne, ainsi qu'à cette femme merveilleuse qui tient mon âme, Jolie Katioush. Con todo mi amor.

Le 21 août 2017, jour de l'éclipse totale du soleil sur Terre.
Université Arkos de Puerto Vallarta, Mexique.

Introduction

Pourquoi un psychologue écrit-il un livre sur la conquête spatiale ? Le lecteur trouvera ici bon nombre de réponses à cette question, mais je peux d'emblée évoquer deux raisons, l'une personnelle, l'autre professionnelle.

•La première concerne beaucoup d'enfants et d'adolescents que je rencontre et qui, comme moi au même âge, éprouvent une curiosité insatiable pour l'exploration de l'espace et un véritable émerveillement pour tout ce qui concerne l'Univers. Pendant plus de vingt ans, en tant que psychologue, j'ai été à l'écoute des rêves d'enfants et c'est un grand bonheur que d'encourager les jeunes à acquérir les connaissances nécessaires pour que le rêve devienne un jour réalité. Je me réjouis de voir les jeunes de collège ou de lycée se passionner pour tout ce qui se passe « là-haut » à travers des lectures, des maquettes à construire, des interviews d'astronautes, car il ne faut pas qu'éprouver un vague désir pour partir dans l'espace, mais une volonté tenace et à toute épreuve. Et ces questions de désir, de volonté, de motivation ne sont pas des chimères. L'astronaute américain James Irwin raconte qu'étant enfant la lune exerçait sur lui une étrange fascination. Quand il disait à sa mère : « J'irai un jour sur la Lune ! », sa mère souriait et disait : « Mon fils, ce rêve, c'est de la folie. L'Homme n'ira jamais sur la Lune ! ». Et le 30 juillet 1970, les parents de James virent leur fils… marcher sur la Lune ! Dans *Sonate au clair de Terre*[1], Jean-Loup Chrétien rapporte un rêve qu'il fit très tôt dans l'enfance et nous fait cette confidence : « Je pense que

[1] Chrétien J-L : *Sonate au clair de Terre*, Paris, Denoël, 1998, p.10

j'étais fait pour voler… Flotter parmi les étoiles était mon destin. » Evidemment, même si aujourd'hui cela paraît lointain, il y eut Youri Gagarine, le premier homme à explorer l'espace, le 12 avril 1961 (j'avais onze ans), puis Neil Armstrong et Buzz Aldrin (sans oublier Mickaël Collins resté en orbite) qui posèrent le pied sur la Lune le 20 juillet 1969, j'avais tout juste vingt ans. Un des idéaux de l'Homme était alors réalisé et l'événement fut suivi dans le monde entier. En plus de son rameau d'olivier, le pygargue américain rapporta 21 kg de roches lunaires qui furent analysées pour faire progresser le savoir de tous les hommes. Parmi tant d'autres, l'astronaute canadien Chris Hadfield décida de son destin après avoir suivi en direct cet exploit. Bien qu'ayant grandi dans une ferme, il eut la volonté tenace de réaliser son rêve.

Autre élément personnel : la réalisation par mon père d'une superbe fusée d'environ un mètre de long avec ses tuyères. J'ai rapporté ailleurs cette aventure audacieuse que je prenais très au sérieux et qui finit, hélas, comme « le chalumeau volant » de ce garnement qu'était Jean-Loup Chrétien, lequel devint le premier français à aller dans l'espace, témoin privilégié de l'histoire aérospatiale mondiale dans les années 1980. Les expériences plus ou moins heureuses ne doivent pas dissuader quiconque de bricoler. C'est captivant et formateur. A tout âge, la conquête est dans notre nature profonde. J'étais déjà rompu au calcul intégral et différentiel grâce à N. Piskounov, ainsi qu'à la géométrie dans l'espace, quand je suis tombé, lors d'un voyage en URSS en 1971, sur la traduction française du livre de Youri Gagarine (cosigné par le Dr V. Lebedev, psychologue) intitulé *La psychologie et le cosmos*[2]. J'ai littéralement dévoré ce livre. Je me destinais à être chercheur en biochimie et biophysique et réalisais que la psychologie était fondamentale dans la sélection puis la formation des astronautes.

Les études scientifiques et l'acquisition de diplômes de master ou de doctorat sont aujourd'hui essentielles. Le cosmonaute est un guerrier, un gladiateur du ciel prêt à livrer bataille : encore faut-il qu'il soit suffisamment armé aussi bien intellectuellement que physiquement. Tous les astronautes sont férus de sport de fond, de natation, tennis, kayak, parachutisme, musculation, arts martiaux (Thomas Pesquet est ceinture noire de judo), course automobile et voltige sur avion de chasse (comme Gagarine parmi les pionniers). En sport comme en sciences dominent rigueur, abnégation et endurance, mais aussi, sur le plan psychologique, sociabilité, esprit de solidarité et fraternité. Sur le plan affectif et cognitif, les primates que nous sommes, ne pensons jamais à autre chose qu'à nous élever et découvrir de nouveaux territoires. Nul ne peut se satisfaire d'un destin biologique. La conquête spatiale est un des moyens actuels pour que notre vie éphémère et fragile ait des chances de devenir quelque chose de magnifique qui suscite, dans tous les cœurs, passion, admiration et enchantement.

•La deuxième raison pour laquelle j'écris ce livre est professionnelle. En tant que psychologue des hôpitaux je fus cliniquement confronté, pendant plus de trente ans, à des situations où il est essentiel de donner un avis réaliste et sensé

---

[2] Gagarine Y. et Lebedev V., *La psychologie et le cosmos*, éditions de Moscou, 1969.

tout en respectant certains délires. « Les asiles psychiatriques sont des hauts lieux de la cosmologie, note Hubert Reeves dans *Les Secrets de l'univers*[3]. Il ajoute : « J'en ai la preuve par les épais manuscrits émaillés d'équations compliquées qui m'arrivent par courrier ». Ce n'est pas faux et j'ai rapporté dans *Le Dur métier de psychologue*[4], le cas de Linda, une personne étiquetée « schizophrène » que j'ai nommée « la femme fractale ». Elle prétendait avoir inventé un modèle de « propulsion hydro-urinique » et me présentait des feuilles griffonnées fourmillant d'équations pour tenter de justifier sa trouvaille : un moteur à urine ! Tandis que je la dissuadais d'envoyer ses plans à la NASA, elle se résolut néanmoins à les adresser au siège industriel de Renault et Peugeot PSA. Elle n'eut évidemment pas plus de succès que « La lettre à hélice » de Boris Vian ou le « nazographe » des surréalistes qui mesure la vitesse du vent quand on se mouche ! Autre témoignage : Philippe R, 36 ans, physicien, hospitalisé pour phases d'excitation maniaque alternant avec de longs moments dépressifs. Dans ses grands moments d'exaltation, « ΦΦ », (phiphi) comme il aimait se faire appeler, délirait complètement, et ses travaux sur les mésons π étaient associés de façon aberrante à l'achat inconsidéré d'une maison πR (Maison Pierre). Il pouvait être agressif (« En fermant sa gueule, on entend mieux le silence ! ») ou blagueur (« Mieux vaut sortir d'une fac réputée que de garde à vue ! »). Il n'était pas désagréable, mais difficile à supporter. Il eut un jour un échange vif avec une patiente que j'ai nommée dans mon essai LHOOQ.

---

[3] Reeves (H), *Les Secrets de l'univers*, Paris, Laffont, 2016, p.376.
[4] Lorin (C), *Le Dur métier de psychologue*, Paris, L'Harmattan, 2015.

- Tu sais pourquoi il faut absolument envoyer des femmes comme toi dans l'espace ?
- Non, fit la patiente.
- Parce qu'elles sont habituées à parler dans le vide !

Il partit d'un grand éclat de rire, mais ce fut le clash. Je songe aussi à Anne O (rien à voir avec l'Anna O du maître viennois), une anorexique de 22 ans (38kilos, 1m76) gravement atteinte. Persuadée qu'elle était énorme, elle s'infligeait un esclavage psychique redoutable et des diètes terribles. Elle aurait voulu être transparente, immatérielle, et dans mon essai sur l'anorexie[5] je l'ai nommée « Mademoiselle zéro ». Un jour, inquiet et agacé par ses obsessions nutritionnelles tyranniques je lui ai dit : Devenez astronaute ! Dans l'espace vous perdrez la notion de poids !

- C'est vrai ? Je pèserais que dalle ?
- Vous en aurez au moins l'impression ai-je répondu.

J'évoquais ensuite les contraintes spatiales liées à l'alimentation et au sport quotidien, mais précisais qu'il faut être mince, mais surtout pas maigre et encore moins pâle et maladive !

Au bout de quelques mois, Anne fit elle-même basculer sa maladie dans le champ de la création, cessa ses rituels d'anorexique et devint danseuse, espérant peut-être un jour être une… star ! Quant à Linda S, après un long périple psychothérapique, elle devint prof de physique dans un lycée et Philippe R réintégra son poste de chercheur au CNRS. J'aimerais sur ce point nuancer le jugement d'Hubert Reeves. En effet, n'oublions pas le génie réel de certains délirants dont l'un des plus connus est le mathématicien Georg Cantor, hospitalisé maintes fois dans une clinique de Leipzig et qui

---

[5] Lorin (C), *Un Nouveau regard sur l'anorexie*, Paris, L'Harmattan, 2007.

n'en est pas moins le père de la Théorie des Ensembles, ou même les idées qui parurent à l'époque complètement farfelues d'un certain Riemann qui prétendait, contre Euclide et Aristote, que deux droites parallèles peuvent… se croiser. ! Ainsi naissait grâce à cet original une forme géniale et révolutionnaire de géométrie qui sera dite « non-euclidienne » ! Même s'il y a beaucoup de délires cosmiques comme ceux du fameux Président Schreber si cher aux freudiens, souvenons-nous avec Gaston Bachelard que parfois la raison s'enrichit de la déraison.

J'en viens maintenant aux tests. Les psychologues sont habitués à réaliser des batteries de tests de personnalité, de performance, de fiabilité, de concentration, de motivation. Ils connaissent l'usage sélectif des échelles d'anxiété, d'assertivité, d'aptitudes cognitives et comportementales, de réactivité émotionnelle et de sociabilité. Ils sont particulièrement vigilants concernant la cohérence entre quotients intellectuels et gestion des conflits. Par exemple, lors d'entretiens de sélection, il est important de prendre en compte les aptitudes logiques, dans les tests de logique visuelle ou numérique, mais aussi la gestion des émotions avec des tests de frustration comme le test de Rosenzweig. Pourquoi ? Parce qu'une personnalité névrotique (pour ne pas dire psychotique) peut, nous le verrons plus loin, se montrer précise, efficace, rapide, performante, mais émotionnellement instable et peu fiable.

Je développerai aussi la question des motivations dans ce livre. C'est loin d'être une question simple même si la demande est explicite de la part d'un postulant. L'efficacité organisationnelle d'un obsessionnel ne préjuge pas des capacités affectives à conserver ou non une cohésion d'équipe dans un vol orbital en situation de confinement. Toutes les contraintes physiques et psychologiques sont évaluées par les psychologues. Ces contraintes simulées se rapportent à quatre phases distinctes :

1) Le lancement, phase pendant laquelle le sujet doit supporter des vibrations et des accélérations très importantes.
2) L'adaptation à l'espace, phase qui comprend désorientation, somnolence et mal de l'espace avec nausées.
3) Les effets physiologiques dans la durée, phase concernant le cœur, les muscles, l'ossature, l'effet de rayonnements nocifs pour l'organisme.
4) Le retour sur Terre enfin, où l'on évalue les dégradations physiques et psychologiques liées à la vie confinée.

Les psychologues évaluent les résistances à toutes ces contraintes réelles ou simulées.

J'aimerais terminer cette introduction par quelques remarques cliniques et théoriques que je peux résumer ainsi : les astronautes réussissent là où les anorexiques et les schizophrènes échouent. Cet apport à la psychologie est plutôt encourageant. Au départ, en quittant Terre, les astronautes se déterritorialisent entièrement. Cette brusque déterritorialisation verticale à 4 ou 5 G conduit à l'impesanteur et provoque une surconscience d'être que Gilles Deleuze nommait « Corps sans Organe » (noté CsO). Il écrit dans *Mille plateaux* : « Un Corps sans organe est ce qui reste quand on a tout ôté ». C'est bien le fantasme des anorexiques et de certains schizophrènes. L'anorexique rêve d'avoir un corps évanescent et de devenir pure conscience. J'ai rapporté dans *Un Nouveau regard sur l'anorexie* quelques cas de ces incroyables « Mademoiselles zéro » qui chipotent pour manger, se font vomir, prennent des laxatifs et mentent à leur entourage. Mais leur corps sans organe, totalement subi, est pathologique à l'instar de celui des schizophrènes piégés dans leur univers essentiellement fractal.

Quant aux astronautes, en quittant le territoire terrestre, ils franchissent plus de mille plateaux ! Ce franchissement n'est pas naturel et ne se fait pas sans difficulté, car il induit, chez eux aussi, une désorganisation partielle des principales fonctions vitales. Ils peuvent dormir la tête en bas, voir, dans l'ISS, le soleil se lever 16 fois par jour, la notion de gauche et de droite n'a plus de sens, le goût est modifié, l'odorat aussi, la colonne vertébrale s'allonge, le cœur et le visage s'arrondissent, les muscles fondent et le corps tout entier, nous le verrons, se joue des sensations communes. A 28 000 km/h, ils font l'expérience d'un voyage immobile. Et malgré leur communication permanente avec le sol, ils ne sont plus asservis aux réalités quotidiennes des Terriens. En mission orbitale où rien n'est plus naturel, ils tentent malgré tout de se reterritorialiser avant leur retour par la pratique intensive et obligatoire d'exercices physiques adaptés. Ceux-ci sont autant de manières de déjouer les effets de l'impesanteur sur le corps et l'esprit. Mais contrairement aux anorexiques et aux schizophrènes dont l'état de conscience est altéré, et même s'ils ne sont pas loin eux aussi de devenir pure conscience, ils ont voulu et choisi ces épreuves. C'est dangereux pour leur vie, mais ils font de leur corps sans organe un instrument scientifique d'exploration. Et eux, fort heureusement, plein d'une saine passion, sont enthousiastes et conscients de vivre la grande aventure de leur vie.

Remerciements à François Spiero

Il est des rencontres, dans la vie, qui sont déterminantes pour qui veut profiter de l'expérience, du savoir, des passions et des idéaux de personnes de valeur. Les rencontres qui suivent sont de celles-là. De ce point de vue je dois beaucoup à François Spiero, responsable des vols habités au Centre National d'Etudes Spatiales (France). Cette rencontre fut pour moi l'occasion de découvrir un homme dynamique, avenant, enthousiaste, expliquant de façon claire et exhaustive la science réalisée dans l'ISS et les perspectives d'exploration habitée de la Lune et de Mars. François Spiero a notamment joué un rôle significatif dans l'élaboration de la mission Proxima de Thomas Pesquet, jeune et brillant astronaute français, ainsi que lors de son retour sur Terre, le 2 juin 2017 après 6 mois de mission en orbite à 400 km au-dessus de notre belle et fragile planète bleue. Le parcours professionnel de François Spiero est remarquable. Jeune diplômé de l'Ecole Centrale de Lyon, il suit d'abord un Master à l'université Cornell aux Etats-Unis, obtient un doctorat (PhD) en Etudes spatiales, puis donne des cours à *l'International Space University.* Il séjourne au Canada, au Japon, aux Pays-Bas et préside le Comité « Aurora » pour l'exploration au sein de l'Agence Spatiale Européenne (ESA) ainsi que *l'International Space Life Sciences Working Group*, il y a tout juste dix ans. Grâce à lui, j'ai pu être au fait des derniers projets pour 2020-2030, mais aussi des principales retombées médicales, technologiques, scientifiques qui résultent des nombreuses recherches réalisées dans l'espace et même des étonnants vols paraboliques en gravité zéro qui sont de plus en plus accessibles au grand public. François Spiero m'a fait l'honneur de lire le manuscrit de ce livre, y apportant des remarques critiques précieuses et des précisions qui ont enrichi le texte définitif. Qu'il soit ici vivement remercié pour son soutien et pour les échanges précieux qui s'en suivirent.

François Spiero et Claude Lorin (Photo : Alexandra Egreneau)

Rencontre avec Thomas Pesquet

Photo © Claude Lorin

23 Juin 2017, Salon du Bourget. C'est pour moi une chance de rencontrer Thomas Pesquet, car, ayant atterri le 2 juin, après six moins en impesanteur, il devrait normalement être encore en quarantaine entouré de médecins et de scientifiques. Pourtant il en a décidé autrement. C'est assez courageux, car même s'il s'efforce de n'en rien laisser paraître, il souffre physiquement de son retour fulgurant et brinqueballant sur Terre. Sa tête est lourde, les muscles de son cou sont très relâchés, son équilibre incertain, ses articulations douloureuses, ses mouvements encore peu assurés. Son iPhone lui a glissé des mains et il prend des douches assis sur un tabouret, mais malgré cela il n'est pas homme à se plaindre.

Sa réadaptation fait partie des retrouvailles avec notre Terre qu'il qualifie d'emblée de « si belle et si fragile ». J'ai pris la précaution de lui écrire quelques jours auparavant pour lui faire part de mon manuscrit sachant que sa préoccupation pédagogique majeure est, comme pour moi, d'intéresser nos jeunes cerveaux aux disciplines et aux carrières scientifiques et technologiques. Car au fond ce qui le motive, et moi-même avec ce titre « Devenez astronaute ! », c'est de rencontrer tous ceux qui croient en l'avenir du genre humain pour leur transmettre notre passion de l'univers et des étoiles.
Je rencontre un homme qui a réussi à engendrer en quelques mois une ferveur sincère et profonde et il est évident que les splendides photos de la Terre dont il a abreuvé les réseaux sociaux y sont pour quelque chose. Quant à la starisation idolâtre dont il est devenu l'objet, c'est un phénomène entièrement créé par les médias, car lui, reste accessible, authentique et modeste. Cela est d'ailleurs vrai de tous les astronautes que j'ai rencontrés. La plupart du temps, ils n'ont pas d'autre choix que de jouer le jeu, finalement très agréable, des médias de leur pays. Sachez, en effet, qu'en Europe, Samantha Christoforetti a connu un engouement inouï identique en Italie ; Timothy Peake, une exaltation semblable en Angleterre, Oleg Novitsky est grandement fêté en Russie et Peggy Whitson est une héroïne aux Etats-Unis. Dans chaque pays les médias font le tri et le chauvinisme est à son comble. Or, justement, Thomas Pesquet donne aux médias une leçon de justesse, d'amitié et de loyauté quand il rappelle qu'il était en mission avec Oleg Novitsky et Peggy Whitson laquelle détient quand même le record mondial féminin de séjour dans l'espace en temps cumulé ! Dans nos journaux télévisés ou autres pas un mot de Peggy Whitson ni de Oleg Novitsky ! Mais passons… Au lieu de cela, la presse se

déchaîne quand notre nouveau Président de la République vient s'afficher avec notre mascotte soudain élue comme étant « le spationaute 2.0 », le « gendre idéal », « la coqueluche des lycéens », le nouveau « Petit Prince » et même.... « Mister Univers » ! Dans le Morbihan, la commune d'Elven près de Vannes a même proposé de donner le nom de Thomas Pesquet à une rue de la ville et à un lycée en construction. Comment résister à un tel honneur et ne pas donner son accord ? Qui, à part Sartre, a refusé le Prix Nobel ou même, parmi nos plumitifs, un simple Goncourt ? Mais Thomas Pesquet est réaliste et très conscient du phénomène d'idolâtrie qui le propulse au rang de super-héros à 39 ans.

Car il le dit : il n'est que le dixième astronaute français à partir en mission. Sa modestie n'est pas feinte. Michel Tognini, Philippe Perrin, Jean-Jacques Favier, Léopold Eyharts, en avez-vous entendu parler ? Nos nobles vétérans n'ont jamais été à ce point encensés par la presse. Demandez à de jeunes « followers » : qui est Jean-Loup Chrétien, Patrick Baudry, Jean-François Clairevoy, Jean-Pierre et Claudie Haigneré et même Joe Kittinger qui, un an avant Gagarine osa s'élever à trente et un mille mètres dans un ciel noir et glacé réalisant en 1960 l'exploit d'un saut absolument mémorable. Rares sont ceux qui les connaissent. Thomas Pesquet est parfaitement conscient de sa starisation soudaine, mais il n'en est pas dupe. Il ne prend pas, si je puis dire, les choses de trop haut. Je rencontre un homme souriant et loquace, mais aussi attentif, précis et rigoureux dans ses explications. Un homme fidèle à ses missions scientifiques et soucieux des détails concernant les recherches en physiologie humaine, en physique des fluides, en matière d'environnement terrestre et spatial et bien sûr en éducation des juniors. Chez lui pas d'artifice, pas de jargon, rien de superficiel, il est clair, simple, direct, efficace comme tout ingénieur aéronautique et pilote de ligne qu'il fut à ses débuts. « Ma mission n'est pas terminée dit-il, le travail n'est pas fini… j'ai encore la tête dans le guidon, il faut achever le boulot, y'en a encore pour plusieurs semaines. Mon collègue Oleg, lui, prépare déjà sa mission prochaine et quant à moi je ne me laisse pas aller, j'ai plein de projets… Il faut toujours avoir un objectif et faire de son mieux tous les jours. Pendant au moins six mois après une mission, on appartient toujours aux scientifiques et seulement ensuite on vit en étant disponible pour une nouvelle mission. Et en attendant d'être éventuellement re-sélectionné, on travaille à l'Agence Spatiale Européenne. Ensuite s'il y a une nouvelle mission, on attend. Et le plus difficile, aussi étrange que cela paraisse, ce n'est pas l'entraînement intensif, c'est l'attente d'une nouvelle mission. Oleg mon collègue russe, c'est l'homme le plus calme du monde. On se connaît depuis des années. Il a fait déjà des exercices de préparation pour aller sur Mars. Il faut savoir que toutes nos recherches sont issues de collaborations internationales. Quant à l'équipage de l'ISS, c'est un peu comme une famille ». A son retour de mission, ce que Pesquet apprécie le plus, après la présence de sa compagne, de ses parents, de ses amis, c'est dit-il « l'overdose de mille sensations retrouvées, l'odeur de l'herbe mouillée, les couleurs qui semblent incroyablement contrastées, l'air pur, le vent… » Toutefois ce qu'il désire le plus, c'est retourner dans l'espace, aller encore plus loin, sur la Lune et pourquoi pas sur Mars. Pour l'heure, il incarne l'idéal de santé qu'il promeut par son exemple selon la sentence millénaire : *Mens sana in corpore sano.* En clair, pour devenir astronaute, étudiez, réfléchissez et faites en sorte que vos recherches ne fassent pas de vous, comme autrefois, un intello voûté, sédentarisé et bedonnant, mais une personne active, tonique, sportive, aventurière, aimant l'exercice et appréciant une alimentation saine. Je reprends tous ces éléments dans les pages qui suivent. L'initiative éducative de la mission « Proxima » avait pour mot d'ordre : « entraînez-vous comme un astronaute ! » Elle a pour but de diffuser le savoir et de susciter des vocations. A ce jour, les expériences « jeunesse et culture » sont une réussite. En cette période morose et de crise aiguë des vocations, notre jeune héros nous suggère un moyen très sain de… s'envoyer en l'air ! Et ne dites surtout pas qu'à cause de l'impesanteur, sa parole n'a pas de poids. Sachez aussi que les astronautes[6] du monde entier ne sont même pas 600 sur Terre ! Ce sont donc des êtres rares, des personnes d'exception. Fréquentez-les sans modération. Chacun incarne en effet à sa manière à la fois un avenir désirable et un noble idéal : l'*homo spatialis*.

---

[6] Je sais qu'en Europe nous devrions dire « spationaute » car astronaute est d'usage aux Etats -Unis, cosmonaute en Russie, et taïkonaute en Chine. Mais l'usage courant et grand public en France reste le terme astronaute, raison pour laquelle j'ai utilisé ce terme pour le titre de ce livre.

Rencontre avec Jon Mac Bride

Décembre 2015. Cap Canaveral, Floride. C'est la veille de Christmas Eve. J'ignore encore totalement l'enjeu de ma rencontre.

Le beau temps et la bonne humeur règnent depuis ce bel endroit qu'est Smyrna Beach. Je gare ma Nissan mid-size au parking et m'approche du restaurant où l'on m'a donné rendez-vous. L'homme qui nous accueille, Kathioush et moi, a vu, si j'ose dire, le monde à l'envers et le soleil se lever au moins seize fois en un seul jour ! Il paraît immense dans sa tenue bleu roi de la *NASA*. Ses cheveux blonds bien peignés avec une raie impeccable comme je vais le voir sur des photos de lui lorsqu'il avait trente ans sont devenus cendrés, mais son sourire avenant est celui d'un fringant jeune homme. Je suis alors sidéré par une ressemblance étonnante : sa physionomie, son allure, son sourire, sont ceux de mon instructeur de karaté Shotokan, monsieur Jacques de Perretti : un courant de sympathie passe immédiatement entre nous.

Il nous serre une main chaleureuse, mais tonique : « Captain Jon Mac Bride, astronaut ! ».

Il est 13h, le temps est splendide et je déjeune avec un astronaute américain ! J'étais à mille lieues de penser que j'aurais un jour une telle opportunité. Je sais pourtant que rencontrer des hommes exceptionnels n'est pas inimaginable. Mais, chose incroyable, par sa simple poignée de main, il me transmet une énergie incroyable comme surgie d'un vécu à la fois éprouvant et fantastique. Une énergie vitale issue des sensations et des instants précieux et rares vécus dans un environnement inaccessible pour le commun des mortels : le cosmos.

J'ai alors une brève pensée pour mon vieux prof de philo à l'université de Paris X, Pierre Kaufmann, un homme remarquable, auteur d'un livre érudit, *L'Expérience émotionnelle de l'Espace.*

Me revient en mémoire ce qu'il disait de Noël quand je suivais ses cours : ce mot vient du latin *dies natalis* signifiant « jour de naissance ». C'est de bon augure.

Nous sommes le jour précédant Noël et nous déjeunons avec une personne plutôt rare.

Au fil des minutes qui passent, j'en apprends un peu plus sur sa vie, sa formation et constate que nous ne soupçonnons pas les épreuves qu'ont endurées les « chasseurs d'étoiles ».

Je lui pose plein de questions : aucune interrogation ne le rebute. J'en suis heureux d'autant qu'il n'est pas chiche de son savoir quoiqu'il jouisse d'une forte notoriété à la *National Aeronautics and Space Administration* (NASA) à Houston (Texas).

Apprenant que nous sommes français, Jon Mac Bride parle avec enthousiasme de la France, des pionniers, Jean-Loup Chrétien, Patrick Baudry, Claudie Haigneré, ainsi que de la voûte céleste que je ne regarderai décidément plus de la même façon après cette rencontre. Il évoque ses débuts difficiles, les épreuves subies, mais je remarque aussi avec quelle ferveur il parle de notre planète : « *Quelle splendeur notre Terre.* Dit-il *De là-haut, elle dévoile ses formes, ses couleurs, on aperçoit sa luminescence, sa rondeur, cette auréole bleue magnifique qui borde l'horizon et s'estompe quand le vaisseau s'éloigne de la Terre ! Quel enchantement !* »

Il accepte que je prenne des notes et croit, à l'instar de beaucoup de ses collègues de la NASA, à la communication avec des Béotiens. La vie sociale dans le corps des spationautes ne se monnaye pas. Quant à la connaissance scientifique, nous le savons depuis Pasteur, elle n'a pas de patrie.

Jon Mac Bride, né en 1943 à Charleston en Virginie, n'a que six ans de plus que moi qui suis né, l'année de création de la NASA (1949).

Rencontre avec Jon Mc Bride, photo © Lorin.C

Marié, il a eu quatre enfants dont l'un est décédé. Comme il n'en dit rien d'autre, j'évite évidemment d'aborder les circonstances de ce décès. Mac Bride a fait ses études à l'Université de West Virginia et a passé un diplôme en ingénierie aéronautique. Il est ensuite pilote de chasse dans un escadron de combat, devient officier de division pour de nombreuses missions, s'initie au pilotage d'avions civils et militaires et devient instructeur avec plus de 8800 heures de vol à son actif.

En 1978, il est sélectionné par la NASA. Il devient alors un astronaute confirmé puis directeur du Laboratoire d'Ingénierie avionique et responsable du développement des procédures de rendez-vous orbitaux. Le 5 octobre 1984, il s'élance du Kennedy Space Center à bord de *Challenger.* C'est la toute première équipe comprenant sept membres.
Sa mission dure huit jours et a pour objet la conduite d'observations scientifiques en impesanteur. Pendant 197 heures, son équipe s'attache à démontrer que l'on peut ravitailler un satellite en sorties extravéhiculaires.

Mac Bride devait partir en mars 1986 comme commandant d'un vol qui fut, hélas, différé puis annulé à cause de l'accident de Challenger en janvier 1986. Il est conduit alors à devenir administrateur assistant au Quartier General de la NASA avec la responsabilité des relations entre la NASA et le Congrès ainsi qu'avec diverses organisations liées au Congrès.
En 1988, il est nommé commandant de l'équipe appelée STS-35, pour la mission Astro 1 dont le lancement était prévu en mars 1990, mais il prend sa retraite de la NASA et poursuit une carrière personnelle dans les affaires. Toutefois il appartient toujours à l'équipe d'astronautes qui fait des conférences et organise des rencontres avec toutes les personnes motivées par la recherche aérospatiale.

Lors du déjeuner, je me présente : psychologue clinicien et professeur des universités. J'évoque mes premières recherches sur le stress par confinement et isolement. J'ai travaillé en effet avec mon prédécesseur à l'université de Reims, Jean Rivolier, sur les expéditions polaires en Antarctique et sur différentes situations extrêmes lors d'une expédition plus récente faite au Svalbard en Arctique. Je connais bien les tests de personnalité, les échelles d'anxiété, de dépression et les épreuves psychotechniques que doivent passer les candidats qui postulent pour devenir pilote de chasse. J'évoque aussi ma rencontre, au Salon International de l'Aéronautique du Bourget, avec les deux aviateurs français de *Solar Impulse* qui, depuis, ont réalisé leur tour du monde ! J'ai aussi découvert, il y a quelques jours, que la NASA recrute des jeunes gens voulant devenir astronautes et j'ai assisté à la retransmission télévisée des vœux de Noël des trois Américains qui viennent de rejoindre l'International Space Station (ISS). Une semaine avant mon départ, j'étais d'ailleurs à Genève au CERN où les équipes surveillent jour et nuit l'évolution de la station en orbite.

Mon épouse se présente, elle aussi : psychothérapeute diplômée de l'Université de Paris VIII quoique son activité professionnelle principale soit ingénieur à la Direction Générale Industrielle au sein de la compagnie Air France. Elle aussi conçoit cette rencontre comme un cadeau du ciel.

Tandis que nous déjeunons, nous posons maintes questions se rapportant aux perceptions en impesanteur, aux sensations, émotions, croyances, vie sociale en groupe, à l'alimentation, à l'hygiène, au sommeil : comment, en effet, dormir quand il y a seize couchers de soleil par jour ? Comment supporte-t-on jusqu'à dix fois son poids lors des lancements et des retours sur Terre ? Comment peut-on se protéger des rayonnements cosmiques hautement cancérigènes ? Et bien sûr, comment se déroule la formation des astronautes aujourd'hui ? Quel est le profil psychologique-type des « chasseurs d'étoiles » ? Quels sont les effets de l'impesanteur sur la santé lors de longs séjours ?...
C'est la réponse à ces questions, et à bien d'autres encore, qui fait l'objet de ce livre, même si les tout premiers éléments de

psychologie et de médecine spatiale furent rapportés par Youri Gagarine lui-même et son ami médecin le Docteur Vladimir Lebedev dans *Psychologie et cosmos* (1969)[7]. Je reviendrai sur ce point.

Youri Gagarine, le premier homme à s'être élancé dans le cosmos, a marqué l'histoire de l'humanité.

Comme tous les jeunes de cette époque fascinés par le ciel, je manifestais une curiosité sans bornes pour l'espace et les étoiles. Je faisais en outre des expériences de chimie, de physique et de biologie assez catastrophiques à la maison, je l'ai raconté ailleurs[8]. Puis il y eut la grande revanche américaine promise par J.F. Kennedy : Neil Armstrong et Buzz Aldrin posèrent les premiers pas humains sur l'astre des nuits ! Ce que Jules Verne et Konstantin Tsiolkovski avaient écrit, eux l'avaient fait ! A mes yeux, c'était aussi grandiose que les exploits de Charles Lindbergh et de Saint-Exupéry. Ma famille était admirative. Quant à moi, j'étais dans un état quasi-mystique avec un idéal de rêve et un bon milliard de questions dans la tête.

L'intérêt des jeunes scientifiques aujourd'hui n'a pas décru, même si les exploits d'ISS sont moins fascinants qu'avant. Ce livre est essentiellement écrit pour les jeunes. Je l'ai entrepris après ma rencontre avec des astronautes qui m'ont transmis une belle partie de leur passion, de leur savoir, de leurs interrogations et surtout de leur bonheur d'avoir été choisis pour effectuer des vols spatiaux.

Ce livre est aussi dédié à la gloire de tous les êtres humains qui nous offrent du rêve.

---

[7] Gagarine (Y) et Lebedev (V) : *La psychologie et le cosmos*, Editions de Moscou, 1969

[8] Lorin (C) : *Journal d'un psy rebelle*, Paris, L'Harmattan, 2010.

Rencontre avec Wendy Lawrence

Rencontre avec Wendy Lawrence. Photo © Lorin.C

Cette nouvelle rencontre avec l'astronaute américaine Wendy Lawrence fut extrêmement fructueuse. Une personne étonnante, accorte, volubile, humble, consciente de n'être pas une figure de légende comme Armstrong ou Gagarine même si, en tant que femme aux apprentissages précoces (plus de 1500 heures de vol avec une dizaine de types d'hélicoptères avant ses missions dans l'espace), elle m'apparaît un peu comme une reine de Saba dont la capitale serait l'Univers. Diplômée de la *Fort Hunt High School* d'Alexandra en 1977, alors à peine âgée de 18 ans, elle passe ensuite un master en sciences océaniques au célèbre *Massachussetts Institute of Technology* et est sélectionnée par la NASA pour une première mission technique incluant la vérification de logiciels de vol, puis devient ingénieur de vol et pilote de l'orbite dénommée *Blueshift* de la mission STS-67. Elle est ensuite directrice des opérations pour la NASA au centre de formation « Gagarine » à Star City en Russie. Après son premier vol en 1995, elle part en mission sur Atlantis STS-86 en septembre 1997, puis en tant que « Captain » sur Discovery STS-91 en juin 1998, et enfin sur Discovery STS-114 en juillet 2005, soit, un total de 51 jours, 3 heures, 56 minutes de mission en durées cumulées.

Je lui ai confié que je préparais un livre sur le thème « psychologie et conquête spatiale », l'entraînement des astronautes, leur mode de vie dans l'espace, etc. Elle va répondre à toutes mes questions et me donner son adresse mail pour faciliter nos échanges par la suite.

Wendy Lawrence s'est montrée ouverte à tous les sujets abordés. J'ai eu devant moi une femme pleine de projets dont le regard vif n'avait rien de condescendant ou de cérémonieux et dont les souvenirs, les connaissances et les témoignages me semblèrent très clairs.

Son apport singulier, celui de Jon Mac Bride et de Wilson Scott, me permirent de développer en partie ce que nous allons lire dans la suite.

Rencontre avec Winston Scott

J'apprécie de rencontrer des astronautes, car ils racontent des fragments de leur histoire mêlée à l'odyssée spatiale à laquelle ils participent. Rendez-vous à Huston avec Winston Scott, dans une période enjouée où la NASA recrute. « Des centaines de candidats peuvent postuler en contactant www.nasa-gov/astronauts/, et la liste des sélections sera annoncée mi-2017 », m'indique ce vigoureux Black de soixante-six ans, preuve vivante, s'il en fallait une, que les Etats-Unis en ont fini avec le racisme et la ségrégation. Winston Scott est avenant et d'une bonne humeur contagieuse qui nous galvanise. Je me présente à lui brièvement en évoquant la composition de cet ouvrage.

« - Votre projet de livre nous intéresse, dit-il jovial, car nous travaillons toujours étroitement avec des psychologues d'autant que les missions futures seront de plus en plus longues. Avec des sportifs de tous niveaux également ».

J'apprends qu'il est ceinture noire de Karaté Shotokan, deuxième dan, et ce lien sportif commun me donne l'occasion de lui raconter mes mésaventures à Tokyo à la *Shotokan Karate Association* où j'ai eu deux côtes fêlées en combattant contre une jolie Japonaise que je ne croyais pas si tonique !

Winston Scott est lui-même membre de *l'Association of International Tohgi Karate-Do*, mais son vrai violon d'Ingres est de jouer de la trompette dans différents groupes de jazz de la côte Est de la Floride. Marié, deux enfants, il s'est formé à l'université d'Etat de Floride et à l'*US Naval Postgraduate School* où il a obtenu un Master de Sciences en *aeronautical engineering*, avant de servir dans l'*Helicopter Antisubmarine Squadron Light Thirty Three* à la *Naval Air Station.* Avant d'être sélectionné comme astronaute, il avait plus de 5000 heures de vol sur différents appareils. Il lui apparaît important de s'entraîner sur de nombreuses machines civiles et militaires et de pratiquer le parachutisme de façon intensive. Son expérience lui permet d'être actuellement professeur d'aéronautique à la *Florida State University* ainsi qu'au *Florida Institute of Technology* à Melbourne en Floride, là où le jour de Noël à l'aéroport, je me suis fait voler deux de mes valises, deux ans auparavant.

Winston Scott a récemment publié un livre que je me suis procuré après notre entretien, *Reflections from Earth orbit.* Il fut spécialiste de mission sur les vols STS-72 en 1996, STS-87 en 1997 et est resté 24 jours en orbite, incluant 3 sorties extra-véhiculaires, totalisant 19 heures et 26 minutes. Au cours des sorties extravéhiculaires, il a pu réaliser 142 fois le tour de la Terre, et surtout il a pu évaluer techniquement l'assemblage de l'*International Space Station*, tant du point de vue des outils nécessaires que des procédures.

Lors de sa seconde sortie, qui a duré 5 heures, de nombreux tests d'assemblages furent réalisés et c'est grâce à des pionniers comme lui que le gigantesque assemblage d'ISS fut possible. La communauté scientifique lui a d'ailleurs décerné le titre de *Docteur honoris causa* de plusieurs universités. Il est maintenant conseiller du gouvernement de Floride pour tout ce qui concerne l'aéronautique et l'espace. Il a été nommé également directeur exécutif de la *Florida Space Authority* en 2003, puis devint en 2006 Président Manager en *Engineering* pour la société *Jacobs Engineering* de Houston qui travaille pour la NASA.

« Être astronaute, c'est faire un métier exceptionnel, s'enthousiasme Scott. Mais il faut savoir lutter comme se maîtriser et c'est cela qu'apportent les Arts martiaux». Je ne peux qu'approuver. C'est cela même qui est indispensable quand on est responsable de mission, à savoir le tonus et le contrôle de soi. « Chez nous, astronautes, il existe une très forte compétition et chacun possède une volonté à toute épreuve pour réussir et pour être sélectionné. Mais il faut aussi une très forte sociabilité, car nous travaillons en équipe et la sécurité de l'un dépend aussi des autres. »

Et Scott décrit ensuite avec minutie divers défis qu'il dut relever et dont certains furent de véritables prouesses. Cet homme a tout à fait sa place dans la galerie de portraits d'astronautes de renom. Il dit encore : « Nous avons maintenant vraiment de la chance par rapport à des astronautes comme Frank Borman et James Lovell. Nous avons des équipements vraiment plus confortables et plus spacieux. Eux, en décembre 1965, sont restés deux semaines dans l'espace, confinés dans le siège de leur capsule dont le volume habitable était de 2,55 m^3 ! Ils ne pouvaient ni se lever, ni détendre complètement leurs jambes ! Nous n'avons plus de telles galères. De plus, à l'époque, d'innombrables électrodes et capteurs physiologiques étaient posés sur les deux hommes, ce qui rendait leur mission encore plus inconfortable… »

Nous avons longuement parlé de la formation, de la sélection, des dangers à affronter dans l'espace, mais aussi des salaires, des emplois et, vers la fin de notre entrevue, Winston Scott m'a confié :

- « Votre participation scientifique à la recherche nous intéresse vivement, contactez-moi au *Massachusetts Institute of Technology*, voici mon adresse e-mail… Mais au fond, dites-moi, en tant que psychologue, qu'est-ce qui vous passionne chez les gens comme nous ?

- Eh bien, le fait que, ayant pourtant réalisé vos rêves et une partie des rêves de nombreux Terriens, vous ayez encore... des rêves ! Quel est donc votre rêve qui persiste au-delà de vos rêves ?
- Celui de transmettre aux jeunes une partie de ce que nous avons appris et aussi le désir d'en savoir plus sur ce que nous ne savons pas et qui est immense ! Il y a tant de choses à accomplir dans tous ces domaines. Nous ne sommes encore qu'au début de notre conquête de l'Univers. Et puis, voyez-vous, pour moi, un homme sans rêve ce serait un peu comme un oiseau sans aile ! Alors voilà ! ».
Il m'a serré la main. Nous nous sommes quittés.

Rencontre avec Winston Scott, photo © Lorin.c

Les astronautes savent-ils rêver ?

Donc oui, comme nous venons de le voir, les astronautes savent rêver, mais surtout, ils ont le chic pour vous transmettre leurs rêves. Y at-il des hommes, qui, pendant des siècles, n'auraient pas rêvé de gagner un jour le royaume du ciel, des planètes, des étoiles ? C'est peu probable. Les mystiques, les romantiques se sont évertués à glorifier le Soleil et la Lune comme des dieux, mais cela reste très littéraire et aucun grand poète n'eut jamais vraiment l'idée d'une accession cosmique réelle. Des poèmes comme *Nuit de Lune* de Joseph Von Eichendorff sont de magnifiques chants hagiographiques à l'imagerie verbale mélodieuse et fantasque. Mais il faudra attendre les exploits du premier astronaute français Jean-Loup Chrétien, pour que sa *Sonate au clair de Terre* fasse écho à la sublime *Sonate au clair de Lune* de Beethoven. On trouve chez l'un et l'autre un suave parfum de romantisme. Les plaisirs d'une vie fantasque, ils sont allés les chercher chez Jules Verne comme le confie Youri Gagarine, mais aussi Saint-Exupéry et bien sûr Konstantin Tsiolkovski, les premiers écrivains à vraiment envisager des voyages dans l'espace, bien avant Hergé et les exploits de Tintin.

Chez tous les astronautes que j'ai rencontrés, il y eut dans leur enfance une fantaisie, voire une féérie romantique à l'origine de leur vocation cosmique. Tous les jeunes Russes ont lu les ouvrages fabuleux de ce visionnaire illuminé que fut Konstantin Tsiolkovski (1857-1935), notamment *Sur la Lune* publié en 1893 (!) et *Hors de Terre* quelques années plus tard. Cette âme éprise de liberté et de récits d'aventures faisait, déjà très jeune, voler des cerfs-volants avec des cafards dans une

boîte à coulisse et fabriquait des ballons en papier à cigarette avant de se lancer, avec une terrible soif d'utopie, dans des mathématiques récréatives d'une façon totalement autodidacte. Il est vrai que tout cela c'est du passé et qu'aucun astronaute ne recommande actuellement de faire l'école buissonnière, bien au contraire, mais c'est quand même cet esprit farfelu et original qui est l'auteur de la théorie mathématique de la propulsion à réaction d'une fusée à étages. C'est son génie qui lui fit écrire, alors qu'aucun homme n'en a encore eu l'expérience : « Je rêvais de perdre totalement la sensation de pesanteur ». Puis, plus loin : « Jamais l'idée de communiquer avec l'espace ne m'a quitté ».
Mais ce qui est extraordinaire, c'est qu'il était à moitié sourd et c'est grâce à ce handicap qu'il restera « sourd » à tout ce qui bride l'imagination d'un jeune enfant. Ses idées resteront ainsi saugrenues, et c'est en autodidacte qu'il aborda l'arithmétique et la géométrie. Il fut, avec Jules Verne et Saint-Exupéry, l'auteur fétiche du premier homme à aller dans l'espace. Tsiolkovski a fait rêver le jeune Youri qui lui-même a fait rêver toute une génération d'astronautes. Et pourtant ce n'était vraiment pas gagné d'avance. Car tout commença, en effet, par le cauchemar nazi. Gagarine a sept ans quand en octobre 1941, les nazis, qui ont envahi le front russe, détruisent son école. Son enfance de paysan, qui deviendra ouvrier fondeur dans l'industrie métallurgique, n'a rien de prémonitoire à ses rêves de gosse. Son grand frère Valentin est déporté, envoyé au STO (Service de Travail Obligatoire), et son petit frère Boris échappe de peu à la pendaison par un soldat nazi. Nous sommes loin d'une vie rêvée. Youri écrit à son aîné : « Mon cher frère, nous ramassons de la ferraille pour les chars et les avions. Il y a plein de ferraille partout dans les champs… Ton petit frère Youra. ».

Et puis s'ajoutent à cette vie de terreur, les imprudences des gamins qui trouvent à terre des cartouches et des grenades près du fleuve Gjat et jouent avec. Certains sont mutilés à cause de ce jeu stupide et dangereux.
Mais l'héroïsme des soldats russes à Stalingrad et l'histoire terrible de l'aviateur Maressiev vont donner corps à une nouvelle forme de rêve. Abattu par les nazis, cet aviateur rampe pendant vingt jours jusqu'à la zone libre, parvient à braver son infirmité irréversible au prix d'efforts surhumains, reprend les commandes d'un avion de chasse et détruit sept appareils ennemis. Il sera amputé des deux jambes. L'écrivain Boris Polevoï a raconté cet exploit dans *Un homme véritable*. Il y loue ce stoïcisme et dédicacera un exemplaire de son livre à Gagarine avec ce mot : « Je te souhaite de conduire des vaisseaux cosmiques vers la Lune, Mars, Vénus et d'autres planètes ». Au rêve s'associent les valeurs de courage, de gloire, d'endurance et de détermination des soldats de l'Armée Rouge.

L'immense bonheur des pionniers

Aucun astronaute n'est vraiment platonicien. Le monde que décrit Platon est merveilleusement ordonné. On le nomme *Kosmos*, ce qui en grec ancien signifie « bon ordre ». Et pendant des siècles, en effet, les hommes ont cru que le Cosmos était un ensemble ordonné de tout ce qui existe dans la nature et dans l'Univers. Selon les philosophes platoniciens, l'univers résultait de l'action ordonnatrice et parfaite des dieux sur les forces primitives chaotiques. Aucun astronaute, aucun scientifique même, ne croit aujourd'hui que le monde des étoiles et des galaxies est parfait, harmonieux et impérissable. S'embarquer pour l'espace intersidéral, c'est se confronter aux puissances du chaos.

En grec ancien, *Khaos* voulait dire « fente », « fissure » et suggérait l'idée de morceaux, de fragments. C'est ainsi que, pour utiliser un concept actuel, nous pouvons dire que l'univers est fractal. Les éléments qui nous entourent, nuages, montagnes, océans, arbres, neige, pluie, éclairs, etc. sont de dimensions non entières. On dit que ce sont des fractales. Les météorites, les rayonnements, les étoiles, les quasars, les galaxies aussi.

En psychologie, le test de Rorschach, très largement utilisé pour la sélection en général et des diagnostics en particulier, est composé d'une succession de planches couvertes de taches noires ou colorées qui déstabilisent le sujet lors de la passation, car rien n'est géométriquement descriptible et cela suscite parfois inquiétude ou perplexité surtout chez les sujets émotionnellement sensibles qui ont vraiment du mal à construire une forme à partir des différents amas volontairement chaotiques présentés.

Le chaos angoisse les êtres humains depuis des siècles et, pour surmonter cette angoisse, les Grecs avaient personnifié les forces primitives issues du chaos originaire sous la forme de Titans et cela avant qu'un combat final instaure l'ordre olympien. Bref, le chaos, c'était l'ensemble des éléments informes et désordonnés de la matière primitive ainsi que des forces titanesques sans structure et sans finalité. Au XVIème siècle, dans une allégorie de la création alchimique, le peintre Le Caravage a personnifié la transformation de la matière en état gazeux et symbolisé l'état solide et l'état liquide. D'autres peintres ont représenté la lutte terrible entre diverses divinités cosmiques et les éléments primordiaux que sont le feu, l'air, l'eau, la terre. Beaucoup d'émotions sont cristallisées dans ces représentations de la nature hostile qu'il faut combattre et dominer. Nous verrons que les couches très denses de l'atmosphère sont, pour chaque vol, un obstacle à vaincre au départ comme au retour d'un vaisseau spatial. Voici le témoignage de Gagarine dans *La psychologie et le cosmos.*[9] :

« La combustion que subit le vaisseau au moment de sa rentrée dans les couches denses de l'atmosphère est impressionnante. Par les hublots, on voit les flammes qui enveloppent la coque de toutes parts, on entend des craquements sinistres… Il s'agit d'une situation qui exige d'étouffer l'inquiétude naissante. Si le cosmonaute n'arrive pas à vaincre son angoisse, il risque d'être pris de panique et de ne pas pouvoir s'acquitter de la tâche qu'on lui a confiée. »

Et Gagarine conclut : « Dans quelques minutes, un puissant vaisseau cosmique m'emportera vers les lointains espaces de l'univers… J'éprouve un immense bonheur. Être le premier

---

[9] Gagarine Y. et Lebedev V., *La Psychologie et le cosmos*, édition de Moscou, 1969, p. 144 et 153.

homme dans l'espace cosmique, engager un combat singulier sans précédent contre la nature, est-il possible de rêver chose plus grandiose ? ».

Avant eux, le ciel était peuplé

En tant que psychologue, je pense sincèrement que nous ne rendons pas service aux enfants en continuant à leur raconter des sornettes. Certes, la mythologie fait partie de notre héritage culturel, mais ce n'est pas une raison pour perpétuer dans l'esprit des jeunes, l'idée qu'après la mort on va monter au ciel (mieux vaut le faire avant !) ou que celui-ci est peuplé d'une multitude de divinités. La déesse *Nout* des Egyptiens a eu son heure de gloire dans l'Antiquité. *Zeus*, roi des dieux et ordonnateur du Cosmos également. C'est un plaisir d'apprécier ces thèmes récurrents à la Renaissance, à travers les œuvres magnifiques de Véronèse ou du Tintoret. Mais de là à continuer à faire croire qu'il existe une demeure des dieux, l'Empyrée, éternelle source de lumière et paradis céleste, il y a un pas qu'il ne faut plus franchir de nos jours. Les chrétiens ne croient plus en Hadès (qui veut dire « l'invisible »), souverain des Enfers, ni au Styx, ni aux eaux du Léthé qui font tout oublier.

La psychanalyse freudienne a mis fin à ces croyances archaïques et personne ne croit plus en Cerbère, ce maudit chien à trois têtes, gardien de l'entrée du royaume des morts. L'Au-delà, le ciel païen, c'était des projections humaines auxquelles même Xénophane (-500.-428), père du concept de projection, ne croyait pas. Il était conscient que les dieux des Grecs ressemblaient à des Grecs, que les dieux africains étaient noirs avec des cheveux frisés… Il est écrit dans son traité *De la nature* à propos des dieux : « Si les bœufs, les chevaux et les lions avaient des mains et pouvaient peindre des œuvres comme les hommes, les bœufs peindraient leurs

dieux comme des bœufs, les chevaux comme des chevaux, et les lions comme des lions ! ».
De nos jours, le fils du dieu des Chrétiens est un Blanc aux yeux clairs qui porte une barbe bifide. Les dieux des Inuits, ceux des Aborigènes australiens ou des Amérindiens ont une apparence reflétant celle de leur peuple respectif. Cicéron reprend l'argument dans *De la nature des dieux* : « La raison est entraînée vers des dieux imaginaires et fictifs, d'où des craintes, des frayeurs dignes de vieilles bonnes femmes », écrit-il. Qu'a fait le christianisme ? Il a remplacé les dieux païens par des anges, des archanges, et bon nombre de gens croient encore et font croire en l'existence du Paradis, de l'Enfer et du Purgatoire. La naïveté populaire est telle que c'est tout juste si l'on ne dit pas aux gosses que notre planète est immobile (parce qu'on ne sent pas qu'elle est en mouvement à 30km/seconde) et qu'elle est le centre du monde ! Quant à l'Au-delà, beaucoup s'imaginent que c'est la demeure de l'âme des défunts.

Depuis le 12 avril 1961, bien des choses ont changé. Gagarine a bien dit qu'il n'y avait vu personne, quant aux pionniers américains, ils se sont bien amusés à déclarer en orbite « je vous assure le Père Noël existe ! ». Aucun astronaute n'a rencontré de créatures démoniaques et l'on peut tout à fait se contenter d'apprécier à leur juste valeur esthétique *L'Enfer* de Dante ou celui de Botticelli. Le royaume des ombres, cet abîme ténébreux est aussi magnifiquement représenté que le sont, ailleurs, les sphères célestes jusqu'à l'Empyrée, lieu de la béatitude éternelle. A ma connaissance, rares sont les astronautes qui vivent dans l'attente du Messie, et aux yeux des croyants fanatiques, beaucoup d'entre eux seraient bons pour l'Enfer ! Je comprends les scientifiques, n'ayant moi-même heureusement jamais vécu dans la foi malgré ma passion pour saint Augustin et quelques autres qui, d'ailleurs, ne croyaient pas que les savants, les poètes ou les philosophes seraient un jour libérés et conduits directement au Paradis. Sans doute suis-je aussi, comme beaucoup de « damnés de la Terre », condamné à l'Enfer, mais je m'en moque tant je suis convaincu que ce n'est pas Satan qui me dévorera un jour, mais un cortège de joyeux et dansants petits vers de terre, qui sont nos derniers et fidèles compagnons. Ce sont eux qui me ramèneront à l'indistinction originaire. Nous sommes, dit joliment Hubert Reeves, des « poussières d'étoiles ». Au fond, dans mon entourage, il n'y a que ma femme de ménage qui ne supporte pas l'adage : « Tu es poussière et tu redeviendras poussière ! ». Mais pourtant, cela n'a absolument rien de triste. Car toutes les poussières, compost et autres terreaux ont l'extraordinaire capacité de générer la vie.

Le Mythe de la Scala Dei

Beaucoup de jeunes rêvent d'aller dans l'espace. Mais d'où nous vient cette passion ? Il semble que ce désir séculaire plonge ses racines dans l'histoire des mythes. *L'échelle de Jacob* notamment est un motif biblique que les Anciens nommaient *La Scala Dei* : cet archétype de l'échelle exprime, du fond des siècles, le désir de s'élever de la Terre vers le ciel. *La Scala Dei* fut longtemps, et reste encore pour certains croyants, le symbole de l'élévation spirituelle, intellectuelle et morale des hommes en Occident. Il y a aussi l'échelle d'or que la tradition nomme la *Scala Paradisi* et qui suscite l'envie de conquérir, par-delà l'astre d'or, maintes planètes habitables, Mars étant pour 2030 en première ligne avec ses compagnons Phobos et Daimos. Mais le simple désir et même l'envie de conquérir l'espace sont très insuffisants. Seule une volonté tenace peut venir concrétiser ce rêve d'élévation, d'exploration qui nécessite tant d'épreuves et de sacrifices.

Jean-François Clervoy, astronaute français, déclarait récemment : « Il faut vouloir avec ses tripes ! Si vous tentez l'expérience d'une sélection parce que cela vous intéresse, si vous n'avez pas une détermination puissante et une motivation sans faille, ça ne marchera pas ! Il y a des moments très difficiles psychologiquement et physiquement et la sélection se déroule sur plusieurs années… Et quand on n'a pas de formation, on a une chance sur cent d'y laisser sa peau ! ».

De fait, une ascèse physique, psychologique, intellectuelle est le prix à payer pour une telle ascension. Pour les candidats astronautes qui souhaitent gravir patiemment tous les paliers nécessaires, l'échelle met à l'épreuve la volonté de réaliser avec une opiniâtreté qui « vient des tripes », le voyage initiatique dans les espaces intersidéraux. Autrefois, les barreaux de l'échelle, c'était des anges. Et à chaque barreau était associée une épreuve. Les diables personnifiaient l'échec : ils laissaient sur terre ou ramenaient au sol ceux qui n'avaient pas franchi les étapes nécessaires à l'ascension. Botticelli a magnifiquement représenté cette ascension qui est une échelle de vertus et une allégorie de la vie humaine.

Pour accéder au royaume des cieux, il fallait, selon la tradition, gravir des échelons nommés « scientia », « prudentia », « intellecto », « spatientia »… et revêtir les vêtements simples de l'humilité. Peu de choses ont changé. C'est ce que l'on demande aux candidats, aux ingénieurs, aux pilotes, aux commandants, aux responsables de mission.

Plus parlante encore est peut-être l'accession d'Hercule (Héraclès pour les Grecs) conduisant, selon le mythe, au temple de la Renommée (!) et, pour finir, aux côtés de Zeus au royaume de l'Olympe où il devient immortel. Tout commence dans l'enfance. A peine sorti du berceau, il parvient à déjouer les morsures de deux serpents. Très jeune, il possède attention, force, agilité, perspicacité et volonté de vaincre. Il est intéressant que les douze épreuves qu'il doit surmonter se nomment simplement des « travaux ». On notera que lors de la première épreuve, dans la région dangereuse de Némée, c'est avec ses mains nues qu'il vient à bout du lion féroce et non avec les flèches de son arc.

Le mythe insiste sur l'habilité manuelle et précise qu'Hercule va revêtir la peau de l'animal pour se protéger d'autres dangers à venir. Comment ne pas songer ici aux combinaisons spéciales qui protègent les astronautes contre le « stress gravitationnel », ainsi que les boucliers thermiques et anti-micrométéorites ? Rubens, en 1608, souligne qu'Hercule s'empare de la peau du lion et que celle-ci deviendra l'un de ses attributs. C'est également très jeune qu'il fabrique l'instrument nécessaire pour vaincre lors des étapes suivantes : une massue taillée dans un tronc d'olivier, tronc, là aussi, qu'il a arraché, nous dit le mythe, de ses propres mains ! La dextérité est privilégiée dès le début, mais elle reste indispensable à la cueillette des pommes d'or du jardin des Hespérides et à la maîtrise des chevaux sauvages du roi Diomède qu'il parvient à dompter.

L'idée de soutien, d'entraide, de partage est présente quand le héros se trouve perdu dans la région de Lerne. Je parlerai plus loin des dangers imprévus, des menaces qui se renouvellent et que symbolisent les multiples têtes de l'hydre. Gardons pour l'instant à l'esprit qu'une vigilance commune et réciproque est nécessaire dans les régions célestes. Pour vaincre l'hydre de Lerne, Hercule est aidé par son compagnon Iolaos, et pour venir à bout des oiseaux à bec et à griffes de bronze qui rôdent dans la région de Stymphale, il lui faut le soutien d'Apollon qui lui offre des flèches. Là où certains imaginent le Paradis, d'autres se souviennent d'une région qui se nomme en astronomie le Chien… Et que la mythologie représente par un chien à trois têtes, Cerbère, le gardien des portes des Enfers. Dompter ce chien et le ramener vivant au roi d'Eurysthée est le dernier des travaux d'Hercule. On peut voir au Prado, la magnifique toile de Zurbaran, *Hercule et le Cerbère* (1634).

Revenons maintenant aux candidats astronautes. Ils doivent être au fait des dangers réels ou des protections que présentent certaines « régions » de l'espace. Elles sont nombreuses, mais en voici une dont m'a beaucoup parlé Winston Scott : elle se nomme « ceinture de Van Allen ». Nous savons que des tempêtes magnétiques violentes sont dues aux éruptions solaires, aux vents solaires formés de particules α (noyau d'hélium), et aux protubérances éruptives de neutrons et protons extrêmement dangereux pour la santé de l'homme. Les particules sont piégées normalement par le champ magnétique terrestre et concentrées dans ces « ceintures de Van Allen » qui créent parfois ce que les scientifiques nomment des « vorticités rotationnelles » dans l'atmosphère terrestre. Elles entraînent des fluctuations électriques, parfois même la foudre qui fut à l'origine de graves problèmes lors de certains lancements à Houston notamment. Je reviendrai sur ce point.

Mon analyse existentielle des motivations

Confronté chaque année à des étudiants qui s'engagent dans des études de psychologie, lesquelles nécessitent, comme dans maints domaines, une *motivation* essentielle, surtout au niveau Master étant donné la sélection, j'explicite souvent les divers degrés d'appétence à réaliser un projet dont certains peuvent d'ailleurs apparaître dans ce que l'on nomme classiquement une « lettre de motivation ». Mais procédons par ordre.

Il y a, tout d'abord, les *besoins* vitaux, comme ceux qui consistent à trouver sa place dans la société avec un rôle, un statut, une fonction qui donnent sens à l'existence de chacun. La soif de savoir, l'intense *besoin* de comprendre le monde, son origine, sa finalité, reposent largement sur ce que l'on nomme en psychologie *la pulsion de savoir* (*Der Wissentrieb*).

J'ai développé cette analyse des motivations dans plusieurs ouvrages précédents, mais je crois essentiel ici d'y revenir à propos de la sélection des astronautes. Il y a une belle et juste théorie des besoins fondamentaux chez Karl Marx. Les besoins sont vitaux. L'homme a besoin de s'alimenter, de boire, de dormir. Il a aussi besoin d'amour, de sécurité, de liberté, d'indépendance, il a besoin des autres. Les besoins sont basiques. L'homme a besoin de boire pour survivre. De l'eau suffit à son corps pour s'hydrater. Et ce besoin n'a rien à voir avec ses désirs plus nuancés, mais moins essentiels. Quand un garçon de café vous demande ce que vous *désirez* boire, sa question n'implique rien de vital si vous n'êtes pas réellement mort de soif. Vous pouvez *désirer* une bière, un verre de lait, une coupe de champagne selon le moment. Les désirs sont volatils, passagers, changeants, contradictoires, et plus ou moins superfétatoires. Les psychanalystes freudiens accordent une importance singulière (et très exagérée) au désir à la suite de Spinoza (« Le désir est l'essence même de l'homme ») et de Hegel (« L'histoire des désirs est l'histoire des désirs désirés »). La psychanalyse freudienne analyse notamment l'intrication de désirs complexes, élaborés, contradictoires, ambivalents. La psychanalyse adlérienne, ou plus encore la psychanalyse existentielle ne rattachent pas tous les désirs à l'histoire passée ou à l'enfance d'un être. Alfred Adler (1870-1937) analyse parfois le passé, mais surtout l'avenir de ses patients. Il pose les bases d'une psychanalyse existentielle qui sera développée par Jean-Paul Sartre dans *L'être et le néant* et qui est mon option en tant que psychologue des hôpitaux depuis longtemps. L'homme est avant tout *projet* d'être. Ce sont ses finalités qui déterminent essentiellement son comportement. Prenez un jeune homme qui, tous les jours, s'entraîne à courir. Ce qui importe pour le comprendre c'est la connaissance de l'objectif qu'il s'est fixé, par exemple gagner une compétition, un marathon, être victorieux aux Jeux Olympiques. C'est quelque chose qui n'est pas encore réalisé qui le motive. C'est ce *non-être* qu'est *l'avenir* (c'est-à-dire l'image de lui dans un futur proche) qui explique son être *présent* plutôt que son *passé* d'enfant.

Contrairement à ce que l'on a cru trop longtemps, l'enfance n'explique pas tout. Je développerai ce point essentiel plus loin. Poursuivons. Mélanie Klein est une des rares psychanalystes à avoir donné un statut conceptuel à *l'envie*. Chez elle, l'envie peut être aussi impérieuse que le besoin. Avoir envie, c'est bien plus que désirer. L'envie, chez Mélanie Klein, repose sur une sorte de jalousie archaïque et farouche. Beaucoup de personnes sont envieuses : elles convoitent avec ardeur ce qu'elles n'ont pas et que les autres possèdent.

Dans *Envie et gratitude*, cette psychanalyste anglaise attribue aux filles la fameuse « envie du pénis » comme complément au manque dont les fillettes s'imaginent être l'objet par rapport aux garçons. Avoir envie peut donc exprimer une sorte de faux besoin pressant supportant mal la frustration. L'envie peut être violente et destructrice. On n'a jamais ni besoin ni envie d'être astronaute. Passons maintenant au *souhait*. Souhaiter relève souvent du conditionnel. Le souhait est vague, abstrait, plus volatile encore que le désir. Il est souvent proche d'*un vœu* qui est surtout soit l'expression d'une superstition (faire un vœu) soit un signe de politesse soit une convention notamment quand, chaque année, nous adressons nos traditionnels « meilleurs vœux ». Le souhait, le vœu, n'ont absolument rien de primordial. Souhaiter être astronaute ou en faire le vœu est très insuffisant.

Vient enfin *la volonté*, ce concept si souvent délaissé par les freudiens, mais si justement décrit par Schopenhauer et Nietzsche. Elle a quelque chose de puissant, d'opiniâtre, de pérenne quant à l'engagement de tout être. La volonté est la résultante de tout ce qui précède. Vouloir relève d'un choix conscient et d'une détermination profonde de l'être, non d'une vague intention ou d'un projet abstrait. Elle suppose ténacité et perspicacité. Pour qu'un sujet soit au clair avec ses motivations les plus intimes et les plus authentiques, il faut qu'il y ait *congruence* (c'est à dire accord parfait) entre ses besoins, ses désirs, ses envies, ses souhaits, ses vœux les plus chers qui trouveront expression à travers une *demande* explicite qui sera motivée. On voit qu'il y a des degrés très importants dans ce que l'on nomme banalement « la motivation ». *La congruence* est absolument nécessaire pour être cohérent, vivre en paix avec soi-même, atteindre les buts que l'on s'est fixés et s'y tenir ! Il y aurait moins de divorces si la plupart des gens savaient vouloir plutôt que désirer, avoir besoin ou avoir envie ! J'ai madrigalisé comme suit cette congruence qui doit être opiniâtre et fiable dans la durée.

Je veux ce que je désire.
Je désire ce dont j'ai besoin.
Je demande ce qui me fait envie.
J'ai besoin de ce que je demande.
Je souhaite réaliser mon vœu.

Venons-en donc aux motivations pour devenir astronaute. Elles reposent sur un besoin de comprendre le monde et de le conquérir. Une authentique soif de savoir en découle. Le désir de s'instruire vient s'étayer sur un besoin fondamental d'acquérir des connaissances dans des domaines scientifiques les plus variés. Mais le simple souhait ne suffit pas. Les vœux pieux non plus. L'envie vient parfois renforcer désirs et besoins pour donner à la volonté tout son sens, sa puissance, sa pugnacité. Une motivation qui comprendrait des intentions vagues voire contradictoires serait totalement vouée à l'échec. Je l'ai madrigalisé ainsi chez des patients névrosés :

Je ne veux pas ce que je désire.
Je désire ce dont je n'ai pas besoin.
Je ne demande pas ce dont j'ai envie.
Je n'ai pas besoin de ce que je demande.
Je ne souhaite pas réaliser mon vœu.

Pour conclure sur ce dernier point, on l'aura compris, aucune personne en proie à un tel sac de nœuds ne peut espérer devenir astronaute.

Le stress, c'est la norme !

La psychologie a beaucoup à apprendre des astronautes et des sportifs en général. Surtout la psychologie de magazines, mais aussi les médias qui surfent, pour vendre émissions, reportages et ouvrages, sur la manne financière du « tout est stress » avec comme corollaire « combattons le stress ».

J'ai écrit *Eloge de nos angoisses* pour justement tenter d'en finir avec cette idéologie d'où émanent les marchés juteux de l'antistress. Tout est bon, en effet, pour vous vendre toutes sortes de produits et de techniques pour « guérir le stress », pour le « gérer » comme on le dit tous azimuts ! On vous explique que le stress, c'est le grand fléau du siècle. On vous fait croire qu'il entraîne la dépression alors que c'est souvent au contraire l'absence de stimulations qui est à l'origine des dépressions.

On met souvent sur le même plan des situations qui sont vécues de façons différentes. Exemple : un mauvais résultat d'examen. En fait il entraîne des réactions souvent diverses. Une étudiante sera déçue, une autre sera décontenancée, une troisième carrément oppressée, tourmentée et une quatrième totalement paniquée. Elle est affligeante cette mode consistant à dire qu'on est « stressé » quand on est simplement éprouvé, gêné. Ce n'est pas la même chose d'être contrarié, obsédé, banalement déçu ou frustré et d'être brisé, humilié ou désespéré ! Pourquoi réduire nos émotions à un simple « ça me stresse » ? Que dira alors une personne harcelée, traquée, terrifiée ? Que dira celle qui est incarcérée, violée, martyrisée, voire possédée ou hantée ? Quoi ? Ça me stresse ? Non ! Le mot « stress » obère tout le contexte, tout le vécu d'une situation donnée et relève d'un langage simpliste, pauvre et

débilitant. Pourquoi dire « stress » quand parfois c'est de peur qu'il s'agit ?
Certains spécialistes ont leur part de responsabilité dans ce degré zéro de la nuance et du savoir qui frise une terrible clochardisation de la pensée. Jean Rivolier, par exemple, écrit dans *L'Homme stressé* : « Est stressé tout individu placé dans des circonstances à potentiel émotionnel intense ». Cette définition vague et abstraite est un vrai fourre-tout ! Dans *Stress et performance*, J. Larue et J. Bertsh, même s'ils reconnaissent du bout des lèvres « une faiblesse des modèles théoriques », définissent le stress comme « un ensemble de situations dérangeantes »[10] ! Il est scandaleux d'utiliser l'expression « situations dérangeantes » pour évoquer en vrac des soucis de performances sportives, l'annonce d'une maladie grave, le banditisme, le viol, les détournements d'avion et… les déportés concentrationnaires ! C'est pourtant ce qu'écrit J. Rivolier dans le « tableau I » de son livre à quoi il ajoute les rigueurs climatiques, l'ennui, la torture, la sous-alimentation, le trac de l'acteur. Et c'est dans cette totale et effarante confusion que les gens persistent à utiliser le mot « stress » devenu épouvantable amalgame et absurde mélange des genres.
Un autre spécialiste, à propos d'« événements objectivement *stressants* » (c'est moi qui souligne), met sur le même plan les tremblements de terre, les embouteillages, les attentats en Europe et un retard à la garderie ! Le mot « stress » devient un incroyable amalgame entre des catastrophes naturelles ravageuses, une déconvenue d'automobilistes impatients, des actes fanatiques meurtriers et un simple retard fâcheux. Il faut avoir les mots justes et décents, aussi bien pour les morts que

---

10 Larue J., Bertsh J., *Stress et performance*, Paris, PUF, 1995, p. 196 et 210.

les rescapés : les mots « angoisse », « terreur » ou « effroi » ont leur place là où il faut et quand il faut. Se sentir « stressé » à cause du désagrément d'un embouteillage n'a rien à voir avec les longs moments d'horreur que vécurent les milliers de victimes des *Twins* de New York. Il est des comparaisons terriblement inconvenantes. A quoi sert notre belle langue si on ne l'utilise pas à bon escient ? Il y a des degrés dans le fait d'être « éprouvé ». Être banalement frustré par une situation d'inconfort n'est pas la même chose que d'être viré de son emploi.

Les astronautes et les sportifs nous apportent leur concours en distinguant le *dis-stress* (le mauvais stress) de l'*eu-stress* (le bon stress), comme il existe le bon cholestérol et le mauvais cholestérol. Les sportifs (et les astronautes le sont nécessairement) savent par expérience que l'absence de stimulations diminue la performance sportive. L'expérience sportive et la compétition créent du bon stress sous la forme d'une relation positive avec l'affirmation de soi et le goût des performances. Dans *Le rêve spatial inachevé*, Patrick Baudry explique qu'il se sent mal s'il ne peut faire ses trois heures de sport par jour. Il fut la doublure de Jean-Loup Chrétien pour le premier vol français dans l'espace avec les Soviétiques en 1982, puis il vola à bord de la navette spatiale américaine *Discovery* en juin 1985, réalisant le premier vol spatial franco-américain. Son expérience lui permet de jauger avec réalisme les contraintes d'un entraînement intensif pour lequel, justement, ce que l'on nomme vulgairement le stress, c'est la norme.

Pour beaucoup de gens, vivre sans stimulations extérieures intenses et sans défis est problématique pour leur santé psychique. Laissons de côté les fanatiques dont les excès sportifs sont carrément négatifs au point de provoquer par exemple des « fractures de fatigue ». Mais l'absence d'incitation diminue toute motivation. N'a pas le moral celui qui est contraint d'arrêter un entraînement sportif. Il peut être en proie à l'ennui, la langueur, la tristesse. Les performances s'accroissent quand les sollicitations sont optimales. Comme l'expression « être stressé » dans l'esprit de beaucoup de gens a un sens invariablement négatif dont il est difficile de se dépêtrer, j'ai remplacé, dans mes cours à l'université et dans ma pratique à l'hôpital, ce mot désuet par « épreuve ».

Le mot « épreuve » est infiniment plus neutre, plus juste et moins négatif que celui de stress. La vie de chacun est faite d'épreuves qui sont tantôt des succès tantôt des échecs. Cessons de penser que le stress est néfaste. A ceux qui veulent coûte que coûte utiliser le mot « stress », qui dans la vie est la norme pour s'adapter aux situations nouvelles, je puis dire qu'en maintes situations le stress accroît les performances. En l'absence d'entraînement à cause, par exemple, d'une blessure, beaucoup de sportifs deviennent irritables, anxieux, moroses ou déprimés. Le stress n'est pas un ennemi, mais un compagnon.

Les passionnés d'action sont en revanche capables de repos, de détente et même d'oisiveté. Certains sont en proie à cet état psychologique de plaisir bien singulier qu'est l'*eunoïa.* Le mot est composé du préfixe « eu » qui veut dire « bien », comme dans le prénom Eugénie, qui signifie étymologiquement bien née. C'est facile à retenir et cela colle à la réalité qu'impose l'adaptation à des situations nouvelles.

Le vécu d'une épreuve

Je résume : le *vécu* d'une épreuve peut être positif pour une personne et négatif pour une autre. Cela n'a d'ailleurs rien à voir avec la résilience, mais plutôt avec la perception d'une situation donnée.
Restons pour l'instant dans le domaine du sport et prenons deux joueurs de tennis dans une situation identique, par exemple, devant affronter un adversaire plus fort et mieux classé que chacun d'eux. On imagine sans mal le joueur n° 1 être heureux et impatient de jouer contre son adversaire s'il éprouve la situation comme une grande chance de mieux se classer (ou même une excitation empreinte de fierté) tandis que le joueur n° 2 percevra avec inquiétude cette situation comme la menace d'un échec annoncé s'il imagine et anticipe une défaite qu'il croit hautement probable. L'un part gagnant et heureux, l'autre perdant et anxieux. S'ajoute à chaque perception individuelle, les exigences de l'entourage, du groupe, du club, du coach et même parfois les encouragements, les doutes de la famille et des amis. Cet *éprouvé*, les Anglais le nomment avec justesse *strain.* La traduction peut aussi être le « vécu » de chacun pour une situation semblable. La tension qu'éprouve le joueur n° 1 est utile, bénéfique, salutaire : il est en proie à de l'*eu-stress* qui le rend alerte, vif, confiant et joyeux. La tension qu'éprouve le joueur n° 2 est gênante, handicapante, annonciatrice d'un match raté d'avance. Il se rend lui-même victime d'un *dis-stress.* Entrent aussi en ligne de compte dans l'anticipation de l'épreuve et lors de l'épreuve elle-même, l'âge du sujet, son expérience, ses blessures éventuelles, le lieu où se déroule la compétition, ses superstitions… Tous ces facteurs conduiront l'un à être

résolument enjoué et l'autre totalement abattu. Les astronautes se voient eux aussi imposer des limites physiques par ce que certains nomment le « gravitational stress » (4, 5, 6 G ou plus) éprouvé avant le lancement dans l'entraînement en centrifugeuse.

Les directeurs médicaux à la NASA ont longtemps refusé que des femmes, à l'entraînement en centrifugeuse, supportent plus que 6G (6 fois son poids) en dépit de leurs protestations. La tolérance psychophysiologique aux « contraintes » nommées parfois « G-stress » est fondamentale, ainsi que la capacité de faire à tout prix face à l'équipe dans des circonstances délicates, malheureuses et imprévues. Certaines femmes se sont montrées aussi performantes que des hommes. Dans son livre *Getting off the Earth*[11], l'astronaute américain Randall Chambers affirme que certaines d'entre elles réussissent à supporter des pics de « low G-centrifuge » pendant 2 heures, ou 4 heures avec un pic de 3, 5, 7, 9, 11, et finalement 13 G pendant des intervalles de temps de 2 heures et 4 heures. Certains « military services » ont joué (et jouent encore) un rôle important dans l'acceptation ou le refus des jeunes candidats à ce type d'épreuves. Chacun y va de son influence et bien sûr, des possibilités physiques et psychiques des candidat(e)s à affronter et supporter les nombreuses épreuves dans la durée qu'implique la formation d'astronaute.

[11] Chambers (M. and R) *Getting off the Earth*, 2005, Canada, Apogee Books

Il faut aimer la solitude

Depuis quelque temps on fait grand cas, dans les médias, de la participation française à l'aventure de l'ISS et Thomas Pesquet se prête très volontiers et avec bonheur aux questions-réponses qui permettent au grand public de s'intéresser aux recherches menées en impesanteur. Pour autant, pratiquement personne en France n'a parlé hélas de la disparition, il y a six mois (le 8 décembre 2016) de John Glenn, premier astronaute américain en orbite autour de la terre après Gagarine ! Pour beaucoup de journalistes prompts aux « cocoricos, le 20 février 1962, c'est le Paléolithique et cela est vraiment dommage ! Cela dit, six mois dans l'ISS, je le reconnais, c'est long, cela correspond à peu près à 180 jours dans l'espace : il faut aimer la solitude (toute relative, car ils sont six) et supporter surtout le confinement. Mais pour peu que l'on s'intéresse malgré tout à l'histoire de la conquête spatiale, les records de durée de séjour dans l'espace appartiennent aux Russes et aux Américains. Les femmes ne sont d'ailleurs pas en reste bien que la presse les boude sans malice, je veux parler notamment de trois astronautes américaines, Nicole Marie Scott (sans lien de parenté avec mon hôte Winston Scott) qui est restée 103 jours dans l'espace en temps cumulés), Sunita Williams (321 jours) et Peggy Whitson (376 jours). Je ne résiste pas à l'idée d'évoquer brièvement le palmarès de quelques pionniers. Un Russe et un Américain sont restés tous les deux 381 jours dans l'espace. Il s'agit de Valery Korzun et d'Edward Fincke. Un Russe, Alexander Viktorenko, a tenu 489 jours, suivi de près par Nikolaï Budarin (444 j.). Oleg Kononenko et Alexander Volkov ont tenu 391 jours, Vladimir Titov (387 j.), Vasily Tsibliyev (381 j.), et Pavel Vinogradov (380 j.). C'est plus d'une année de solitude.

Les Américains (dont personne en France ne connaît les noms) sont nombreux pourtant à réaliser des séjours d'une durée variant entre 5 et 8 mois, comme Joseph Acaba (137 j.), Clayton Anderson (166 j.), Jerry Linenger (143 j.) et Edward Lu (205 J.) Les Russes, toujours aussi performants depuis Gagarine, dépassent de loin une année dans l'espace en temps cumulés. Citons aussi la brochette étonnante constituée par Vladimir Soloviyov (361 j.), Valery Rioumine (371 j.), Alexander Serebrov (372 j.), Yuri Onufrienko (389 j.). Les rares Japonais culminent au même score que Thomas Pesquet, avec Kochi Wakata (159 j.) et Soici Noguchi (177 j.). Mais leur participation à l'aventure spatiale est plus récente, à l'instar des Chinois qui sont maintenant techniquement indépendants.

Mais ce n'est pas tout. La course d'endurance continue et il faut se préparer pour la destination Mars convoitée par toutes les nations. La lutte est âpre et féroce et s'il est vrai que les Russes parviennent à atteindre deux ans, c'est le cas de Musa Manarov (541 j.), Malenchenko (641 j.), Anataly Solovyev (651 j.), Valery Poliakov (676 j.), il faut saluer avec enthousiasme le score ex aequo de l'Américain Robert Overmyer et du Russe Guennadi Padalka, il y a quelque temps déjà de 710 jours chacun. Et pour finir, le record mondial de durée, après Sergueï Krikalev (803 j) est détenu actuellement en 2017 par Guennedi Padalka qui est resté à ce jour 810 jours dans l'espace !

Dans dix ou vingt ans, ces scores paraîtront peut-être désuets aux yeux des générations montantes, mais il n'empêche : pour rester si longtemps dans ce milieu si hostile à la vie qu'est l'espace intersidéral, il faut beaucoup de ténacité, de courage, d'abnégation envers l'avenir du genre humain et, sans conteste, être capable de dépasser les tragiques épreuves du temps qui passe, décrites magnifiquement par l'écrivain colombien Gabriel Garcia Marquez dans *Cent ans de solitude*.

Profil actuel des chasseurs d'étoiles

Soyons clair d'emblée : il n'y a plus vraiment aujourd'hui de profil-type. Il faut surtout être en excellente santé physique et psychique, et cela dans la durée. Il faut aussi être passionné tant sur le plan intellectuel que sur le plan manuel. Il est essentiel d'avoir des connaissances scientifiques et techniques, mais aussi de savoir bricoler la mécanique, l'informatique, l'électricité et manifester un vif intérêt pour l'aéronautique en général. Il n'est plus nécessaire d'être pilote de chasse comme dans les premières explorations. Il faut, en revanche, être sportif et avoir le cœur bien accroché pour supporter le tabouret tournant en tous sens et la centrifugeuse qui grimpe facilement à 5 ou 6 G, c'est-à-dire 5, ou 6 fois le poids de votre corps et même souvent plus à l'entraînement. Comme me l'a confié Wendy Lawrence, « on a la désagréable impression d'avoir un éléphant sur la poitrine ». Je reviendrai sur ce point. Un diplôme d'ingénieur est le bienvenu, mais vous pouvez être aussi médecin, géologue, biologiste, commandant de bord, pilote de ligne, physicien, chimiste, et même musicien comme l'auteur de *Sonate au clair de Terre*[12] et poète comme l'auteur du *Rêve spatial inachevé* lequel souligne que « tout programme spatial habité n'est légitime que s'il répond à trois critères : la science, la technologie, le rêve »[13].

Sur le plan motivationnel, il faut « en vouloir », c'est-à-dire être d'une opiniâtreté féroce et, comme le dit Jean-François Clervoy, « avoir ça dans les tripes » L'exemple de l'Allemand Matthias Maurer qui a attendu patiemment 8 ans (!) sur la liste d'attente de l'ISS en est un exemple.

---

12 Chrétien J.-L., *Sonate au clair de Terre*, Paris, Denoël, 1993 ;

13 Baudry P., *Le rêve spatial inachevé*, Paris, Taillandier, 2001, p.285.

Lors de la 3ème campagne de recrutement de l'Agence Spatiale Européenne (avril 2008), sur 9000 candidatures, seules dix ont été retenues ! Les pionniers, les « défricheurs » comme le dit P. Baudry ont dû supporter eux aussi les frustrations d'une sélection drastique, attendre souvent et longtemps, tout en s'entraînant sans cesse pour conserver une santé de fer et une forme physique excellente. Mais quand on a la vocation, on est tenace et patient. Les compétences professionnelles doivent être conservées au top pendant la sélection puis l'attente d'un départ et, de plus en plus, on demande sur le plan linguistique, la maîtrise non seulement de l'américain et du russe comme lors des premiers vols, mais aussi, car c'est un élément favorable en plus, la connaissance du chinois ou du japonais surtout dans l'I.S.S. puisque les participants viennent de toutes les nations.
Si l'on est philosophe, mieux vaut être au départ adepte de Marc-Aurèle que d'Epicure. Marc-Aurèle note dans ses *Pensées* : « Chaque être doit agir selon sa constitution » (Pensée VII). Il ajoute cette sentence caractéristique du stoïcisme qu'impose la conquête spatiale : « Il faut être capable d'aimer ce qui nous arrive ! ». Sénèque va plus loin et écrit à son ami Lucilius : « Il ne faut pas dire : je n'ai pas de chance, voici ce qui m'arrive, mais j'ai de la chance : voici ce qui m'arrive ! » Ma critique d'Epicure est malgré tout une boutade. Il est bon de se distraire, d'éprouver du plaisir à contempler notre sublime planète bleue et même de s'amuser. C'est ce qu'a fait avec bonheur Thomas Pesquet pendant sa mission *Proxima,* c'est aussi ce que veut faire le Canadien Chris Hadfield qui devrait normalement décoller le 5 décembre 2017 à bord du vaisseau russe. Après son premier voyage en 1995 à bord de la station MIR, il fut le premier Canadien à quitter un vaisseau spatial pour flotter dans l'espace. Cet

épicurien a participé à l'enregistrement d'une chanson du groupe « Barenaked Ladies » et a chanté « Space Odity » de David Bowie. Il jouera de la guitare dans l'espace avec le Russe Roman Romanenko, guitariste lui aussi, qui a accompagné le groupe U2 lors de sa visite à Moscou. Il prévoit d'écrire des chansons en regardant la Terre ! Il y a déjà un clavier, une guitare et un ukulélé à bord de l'ISS. Pas de quoi renier Epicure, donc !

Comment devient-on astronaute ?

Retenons donc ce point essentiel à savoir qu'une extrême motivation, une volonté d'airain sont requises, non un souhait abstrait comme une lubie, une vague envie, un désir passager ou un vœu pieux. Il faut avoir une formidable soif de savoir, cette fameuse *Wissentrieb*, chère aux freudiens, qui percole dans l'espace psychique des enfants dès les premières années. Il faut conserver cette passion de connaître, de comprendre, de réfléchir, d'analyser, qui se manifeste tôt d'une façon pratique et théorique. Sur le plan philosophique, il faut être endurant, courageux et perspicace comme les adeptes stoïciens déjà cités et cela naturellement, sans avoir lu les écrits de Zénon. Bref, il faut être à la fois « un gladiateur de l'espace » (Patrick Baudry), et un sage, c'est-à-dire un être libre, dont les actions font autorité. On devient astronaute en cumulant toutes ces vertus quasi-militaires.

Concrètement il faut être bardé de diplômes scientifiques et posséder maintes compétences professionnelles et techniques. Avoir un master ou un doctorat en biologie, physique, chimie, géologie, informatique, électronique, médecine, posséder un diplôme d'ingénieur est, certes, important sur le plan intellectuel, mais ce n'est pas tout. C'est une condition nécessaire, mais non suffisante. Des tests d'aptitudes cognitives évaluent, lors de la sélection, les capacités et la rapidité de réflexion et de réaction. La sélection ne se fait pas en fonction du Q.I., mais de l'évaluation d'un grand nombre de performances. Des centaines de tests permettent de savoir à quelle vitesse vous percutez en matière de logique visuelle, pour ne prendre qu'un exemple. Être capable de distinguer des différences minimes entre des figures complexes, formes, personnages, couleurs, en justifiant votre réponse et à une vitesse fulgurante est un sérieux atout. Vous serez confrontés, en effet, comme les aviateurs, à des tests de logique visuelle et numérique associés à des tests d'aptitudes comportementales, ainsi qu'à des épreuves d'arrangements de chiffres, de lettres, de personnages.

Il faut commencer jeune. En Europe, il existe un site « ESA Kids » permettant à des enfants de s'initier à toutes sortes de questions générales très simples, par exemple celles-ci :

- Quel pays a inventé la première fusée, il y a 800 ans ?
  □ Japon □ France □ Chine □ Italie

- Quel est le nom du nouveau petit lanceur européen ?
  □ Vénus □ Véga □ Victory □ Viking

- A quelle vitesse un lanceur doit-il se déplacer pour rester en orbite ?
  □ 280 km/h □ 2800 km/h
  □ 28 000 km/h □ 280 000 km/h

- D'où sont lancées les fusées européennes ? Au départ de :
  □ Guyane □ Russie □ Allemagne □ Espagne

- Quel est le nom du premier satellite au monde lancé en 1957 ?
  □ Shuttle □ Spoutnik □ Soyouz □ Saturne

- Dans quel pays se trouve le Centre Européen d'Opérations Spatiales ?

□ Danemark □ Portugal □ Allemagne □ Royaume-Uni…

Les questions générales en astronautique sont de plus en plus complexes. On propose aussi aux jeunes cerveaux des puzzles compliqués avec niveau 1, niveau 2, etc. pour reconstituer par exemple l'image d'un astronaute près d'un vaisseau dans un ciel étoilé, cela dans un délai le plus court possible. D'autres tests proposent des images en 3D. « Il ne faut pas être un super-héros pour voyager dans l'espace », entend-on parfois. Sans doute ! Mais il ne faut pas non plus être une tortue ni un âne !

Les candidatures viennent de partout dans le monde. Les campagnes de recrutement sont internationales. Et la matière grise ne suffit pas. Un futur astronaute doit être capable de « bricoler » l'ensemble du matériel spatial en toutes circonstances. L'habileté manuelle, le savoir-faire, la dextérité sont essentiels.

- Manuellement, il faut être compétent, méticuleux, observateur, prévoyant pour les pannes imprévues, vigilant, précis, efficace.

- Intellectuellement, il faut être attentif, logique (logique inductive et déductive) cohérent, organisé, réactif, capable d'anticipation (par rapport aux automatismes acquis), et très concentré. Et en toutes circonstances, il faut être fiable et débrouillard.

Un équilibre psychologique solide

De nombreux tests psychotechniques et psychologiques sont réalisés pour tester la solidité émotionnelle, la maturité affective et l'équilibre psychique des candidats, leur stabilité psychologique, leur calme, leur patience, leur capacité à supporter les frustrations, la fiabilité de leurs perceptions (visuelles, auditives, sensitives, etc.). Les pilotes de chasse sont avantagés : ils connaissent la voltige, les combats tournoyants, les vrilles et supportent plus facilement la centrifugeuse, le « banc à vibrations » qui secoue à vous dévisser la tête, les trépidations et autres turbulences déstabilisantes.

Idem pour le tabouret qui tourne en tous sens (comme lors d'épiques rentrées d'un vaisseau dans l'atmosphère terrestre) pour désorienter, mais aussi « éduquer » le système vestibulaire à résister à des changements inopinés de repères et d'équilibre, tout en restant émotionnellement stable, conscient et opérationnel.

Sur le plan psychologique et psychophysiologique, la sélection féroce est justifiée. En 30 ans, l'Agence Spatiale Européenne n'a recruté que 23 candidats. Trois en 1978, six en 1991, huit en 1998, six en 2009. Actuellement, 8 sont en exercice parmi lesquels Jean-François Clervoy, Léopold Eyharts et Thomas Pesquet. Sur 8400 candidatures, les 9/10ème furent recalés en mai 2009. Le Canadien Sébastien Rouquette, quoique sélectionné, n'est jamais parti en mission à ce jour. Il ronge son frein comme ingénieur au CNES.

« Le métier d'astronaute rime avec patience et obstination », a récemment déclaré l'Allemand Mathias Maurer, docteur en sciences des matériaux sélectionné en 2009 : lui est resté 8 ans sur une liste d'attente (!) sans se décourager. Grâce à sa

persévérance, il vient finalement d'être intégré (à 48 ans) parmi les dix finalistes et a rejoint en janvier 2017 le Corps Européen des Astronautes à Cologne (Allemagne). Quand il a rejoint l'ISS le 2 février 2017, son ami Pesquet a déclaré : « Bienvenue à bord ! Mathias et moi avons travaillé ensemble et c'est formidable de voir un visage familier rejoindre le corps des astronautes ! ». L'italien Luca Parmitano a ajouté : « Mathias, mon co-équipier des missions souterraines Caves et Pangea, a l'air en forme ! C'est génial d'avoir plusieurs membres d'équipage ESA sur orbite en même temps ! ».
Gagarine fut le premier à souligner les principaux écueils psychologiques : ce sont la peur et l'affolement[14]. Il écrit : « En cas d'accident, le cosmonaute doit être prêt à atterrir pratiquement en n'importe quel lieu du globe. Sa réserve de secours doit garantir sa sécurité et lui permettre de subsister dans n'importe quelle zone géographique jusqu'à ce qu'on le retrouve… Dans les régions polaires, il faut être prêt à affronter les ours blancs. Les cosmonautes doivent pouvoir se défendre et se trouver du gibier. Les séances d'entraînement ont montré que les plus adroits sont ceux qui pratiquent la pêche ou la chasse ». Des journalistes partiaux, suspicieux et mal informés ont critiqué le fait qu'un passager russe puisse être armé omettant qu'Alan Shepard, en mai 1961, à bord du vaisseau Freedom 7 de la (mission Mercury-Redstone) avait un couteau dans son kit de survie. Un modèle « Astri » fut porté par tous les astronautes des missions Mercury pour la même raison que les Russes, en cas de retombée en milieu hostile. Les fameux couteaux Emerson sont utilisés lors de missions « navette spatiale » et sur l'ISS. La sécurité

---

[14] Gagarine Y. et Lebedev V., *op. cit.* p. 50

psychologique exige de pouvoir faire face à une situation de détresse.

Sur le plan psychologique, le plus difficile à surmonter avec le confinement, c'est la « faim sensorielle ». Dès 1969, Gagarine évoquait cette souffrance « qui met le psychisme de l'homme à rude épreuve »[15]. La « faim sensorielle » est une pénurie de sensations, l'absence de stimuli qui, disait-il, « peut donner naissance à de sérieux troubles fonctionnels ». Il rapporte, déjà à l'époque, des extraits du journal d'une co-équipière de Valentina Terechkova, complètement isolée du monde extérieur dans une « chambre de silence ». Mais Gagarine donnait des éléments de solution soulignant que nous sommes souvent inconscients de l'importance des stimuli pour l'équilibre psychique. Remarquons, en effet, qu'il n'y a jamais de silence absolu autour de nous. Dans les supermarchés, vous entendrez toujours un fond musical. Dans les salles d'attente des bureaux et même chez le médecin ! D'où à la longue, une « indifférence affective », une « surdité esthétique » dit Gagarine, qui nous empêchent d'apprécier des musiques dignes de ce nom qui peuvent émouvoir. Nous sommes soumis à des stimuli sonores (chansons, émissions…) « du matin au soir, mais il s'agit d'une écoute superficielle. Les sons ne font que se répandre alentour et le contenu de l'émission ne peut atteindre l'esprit… La structuration de l'oreille par la musique nuit à la sensibilité esthétique de l'homme », note enfin Gagarine. Pour la bonne santé psychologique de l'être humain, il y a toute une musicothèque spatiale à élaborer »…

---

15 Gagarine Y. et Lebedev V., *op. cit.* p. 33 à 36.

Série fais-moi peur !

« Les futurs cosmonautes doivent être les plus résistants et les plus équilibrés possible » confirme Patrick Baudry dans son livre déjà cité. « En ce sens, poursuit-il, la psychologie prend une dimension extrêmement importante »[16]. La concurrence est de plus en plus difficile. En 1960, on retenait 20 candidatures sur 3000, aujourd'hui, en moyenne 15 sur 10 000 ! Sachez donc que l'on va chercher à vous connaître de fond en comble sur le plan intellectuel, sur le plan des habiletés pratiques, mais aussi sur le plan psychologique.
Le test de Rorschach, je l'ai montré ailleurs, est conçu pour vous déstabiliser car il n'y a rien de logique dans les réponses apportées. C'est un test permettant de connaître certains traits de personnalité et certaines caractéristiques affectives, émotionnelles, intellectuelles ainsi que des éléments de sociabilité. On essaie donc de connaître vos points faibles, vos préférences, vos dégoûts, vos craintes, vos peurs les plus cachées. « Mais, poursuit Patrick Baudry, pour ces hommes triés sur le volet, la peur fait partie de leur métier… Se dépasser soi-même et dépasser ses devanciers, telle est la loi de toute action… Il existe une concurrence effrénée sinon sauvage entre ces hommes hors du commun. Les concurrents vivent dans une atmosphère de compétition féroce et exacerbée. Tous sont des compétiteurs acharnés. C'est une situation difficile à vivre pour les nerfs ».
Ceux qui sont exagérément téméraires et dont la prise de risques est dangereuse sont repérés par une série de tests et d'échelles comme le « Sensation Seeking Scale » de

---

16 Baudry P., *op. cit.*, p. 114.

Zuckerman (2000) ou l'« Extreme Risk Seeking » (ERS). On parle de conduite ordalique quand une personne risque sa vie en donnant tout pouvoir au destin, l'ordalie étant le jugement inéluctable de Dieu. Une telle conduite pathologique nommée aussi « accidentotropisme » doit être écartée. On recherche des conquérants pas des suicidaires.

Concernant votre candidature, une sélection de haut niveau se fait avec des outils assez précis auxquels vous serez confrontés.

J'ai longtemps pratiqué les tests psychométriques et de personnalités auprès d'adultes qui devaient s'y soumettre, cela afin d'évaluer des compétences en temps limité et des profils de personnalité. Mais si vous avez quinze ans ou plus, vous pouvez vous amuser à passer le test des « Matrices Progressives » de Raven. Il mesure un certain facteur G qui renvoie à une aptitude intellectuelle générale. Les exercices sont assez simples. On mesure votre capacité de raisonnement non verbal par analogie. Il vous suffit d'observer les transformations d'une situation donnée et de les reporter dans une autre situation, c'est-à-dire de trouver une correspondance entre un problème à résoudre et une situation familière à une situation nouvelle : trouver un invariant et une relation. C'est un test non verbal, donc applicable à des candidats de différentes nations. Les Matrices de Raven se présentent dans un cahier sous la forme de planches de 4 ou 5 dessins. Il faut compléter le sixième. Mais attention toutefois : vous avez 60 problèmes à résoudre en 20 minutes maximum et moins si vous le pouvez.

Le test fait appel à des logiques différentes et met en action des lois de mouvement : tel objet va vers la gauche, tel autre vers la droite. Vous devez observer attentivement, mais vite et réfléchir au principe qui sous-tend les figures. Il y a une logique des équivalences, des additions, des soustractions, des conservations. Si vous faites ce test sur un support informatique, attention car vous ne pouvez pas forcément revenir en arrière et modifier votre réponse.

Vous pouvez vous chronométrer et tester vos compétences en temps limité. Les facultés d'abstraction logique sont évaluées parfois par le test D48, modifié en D70, créé par l'Anglais Anstay et nommé « Test des Dominos ». Il s'agit d'un cahier présentant 44 figures formées de dominos. Chaque dessin représente un groupe de dominos. Il suffit de regarder chaque groupe et de trouver la valeur du domino qui manque. La durée du test est de 20 minutes maximum. Les quarante exercices sont notés chacun à la valeur d'un point, indépendamment du niveau de difficulté. Le point n'est acquis que si les deux nombres correspondant aux deux moitiés du domino sont corrects. Je précise que la connaissance du jeu de dominos n'est d'aucune aide directe pour la résolution des problèmes posés. La familiarité des dominos ne représente qu'un avantage au niveau de l'image.

Vous faites appel à travers ce jeu-test, où il s'agit de trouver les dominos manquants, à la loi de symétrie ainsi qu'à la loi de succession. Pour les figures plus complexes entrent en jeu, à travers l'observation notamment d'un arrangement en spirale, la loi de progression puis la loi d'exclusion qui est complémentaire aux trois autres lois. Il est possible d'utiliser de nombreuses méthodes pour trouver la solution, mais l'application de la loi de succession est la méthode la plus rapide pour déterminer les valeurs à partir de suites croissantes ou décroissantes.

Le MGM de G. Pire est attrayant et ludique. C'est une série de problèmes à résoudre en 25 minutes, avec un simple jeu de cartes. Seules les cartes de 1 à 10 sont utilisées, le joker est neutre. Il faut observer les lignes, les colonnes, les paires, les groupes et trouver un numéro de carte et de couleur.

En tout 40 planches. Chaque planche comporte la reproduction de plusieurs cartes à jouer groupées pour former une figure. Le principe de base repose sur une combinatoire logique. Il complète bien le test des dominos, car le point n'est acquis que si la couleur et la valeur sont exactes. On tient compte aussi du temps qui doit rester inférieur à 25 minutes. On évalue l'aptitude à structurer des ensembles rationnels indépendamment de leurs contenus. A l'attention des lycéens, je ne résiste pas à l'idée de proposer, ici, des séries à compléter qui sont en fait des devinettes. Alors, qui a peur des séries suivantes à découvrir ? N'ayez crainte, c'est vraiment facile et c'est une manière encourageante de jouer avec les codes. Car il faut connaître des codes dès que l'on s'intéresse à l'espace. Si vous êtes adeptes des émissions télévisées du genre « Des chiffres et des lettres », c'est cool !

Si, en plus, vous vous souvenez des numéros du code secret que doivent déchiffrer le Professeur Robert Langdon et le commissaire Sophie Neveu dans *Da Vinci code* et plus particulièrement de la « suite de Fibonacci » qui permet d'ouvrir le coffret, alors là, vous n'avez aucun souci à vous faire !
Mais commençons notre petite gymnastique cérébrale par la série suivante à compléter[17] :

---

17 La réponse aux séries est donnée en annexe 1 de ce livre (p.242)

Série 1 : A 3 BC 6 DEF 18 GHIJ (…)

Série 2 : 666(S) 389(T) 972(N) 541(C) 707 (…)

Série 3 : O2R1 M3E4 ROME ; S5R3 HO4E2 (…)

Série 4 :	I 1 XXII 6 6	VII 4 VIII 5	IX 3 XXVII 8	XII 4 XVIII……

Pour ce dernier exercice, sachez qu'il relève plus de l'astuce que de l'analyse de codes compliqués et souvenez-vous que dans *Da Vinci code*, l'indication PS en bas du message laissé au Louvre ne signifie pas *Post Scriptum*, mais... Princesse Sophie, nom attribué à Sophie Neveu quand elle était enfant ! Pour les petits enfants (à partir de 6 ans), voici deux séries à compléter (avec les parents éventuellement) :

Série 5 : Embrasser 961574495 ; 57695.....

Série 6 :	Amour	Souris	Hélicoptère	Chat
	5	6	11	.....

Série 7 : heures, secondes, minutes, 24, 84600,.....
Série 8 : navire, eau, avion, air, voiture,.....

Pour mieux maîtriser l'alphabet, voici deux petits exercices pour les futurs astronautes en culotte courte :

Série 9 :..... X V T R P.....

Série 10 : A G C E E C G…..

Ces exercices sont attrayants, faciles et pédagogiquement formateurs pour se préparer à des séries d'épreuves et d'exercices beaucoup plus élaborés. Même pour des exercices aussi simples que ceux ci-dessus, il est important de vous chronométrer pour tester vos capacités en temps limité.
Il ressort des tests divers facteurs comme le facteur G (général), R (raisonnement), V (verbal), N (numérique), S (spatial). Les QCM et les jeux évaluent l'attention, la mémoire, les techniques manuelles. Plus sérieusement, on fait passer aux adultes la WAIS, le WISC, le DAT (*Differential Aptitude Test*), le test de Binet-Simon, les questionnaires d'intérêts, de motivation (PRISM), des questionnaires à stimuli analytiques (le sujet se décrit par rapport à des situations données), des stimuli globaux. Ce n'est pas le lieu ici de détailler tous ces tests et questionnaires.

Devenez astronaute !

Dans ma pratique clinique, j'ai toujours privilégié l'avenir des patients dans mes consultations. Cela sans négliger bien sûr leurs soucis passés ni leurs inquiétudes d'enfants. A l'université, ce qui me passionne chez les étudiant(e)s, c'est leurs projets. J'utilise souvent le fameux schéma de Karl Popper où apparaît ce que Kolmogorov nommait « l'univers des possibles ». Voici le schéma :

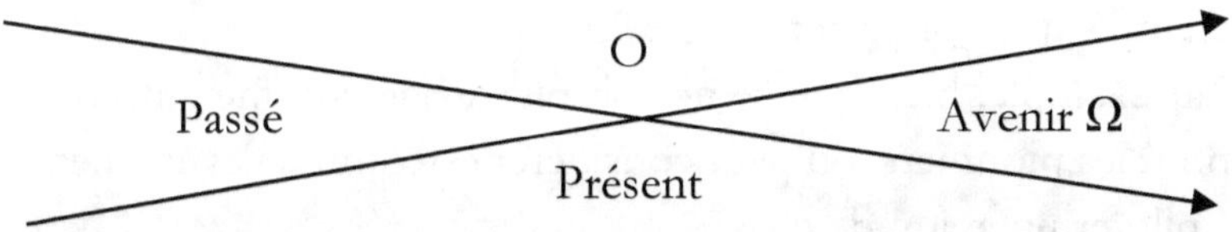

L'univers des possibles est représenté par la lettre grecque Ω (oméga). C'est l'expression correspondant à la somme des « événements » nécessaires à la réalisation d'un projet précis, ici « devenir astronaute ». Comme je l'ai explicité ailleurs, les événements nécessaires à la réalisation concrète d'un tel objectif sont notés : $\omega_0, \omega_1, \omega_2, \omega_3, \omega_4, \omega_i \ldots \omega_n$

On aura ainsi :

$$\Omega = \{\omega_0, \omega_1, \omega_2, \omega_3, \omega_4, \ldots \omega_i, \ldots \omega_n\}$$

Il est ainsi possible, en théâtre thérapeutique, d'évaluer la faisabilité du projet d'être astronaute en confrontant, lors de petites saynètes, les candidat(e)s aux divers « événements » nécessaires (quoique non suffisants) pour devenir astronaute. Concrètement, on conviendra de ceci :

ω_0 : obtenir un diplôme scientifique reconnu
ω_1 : parler l'anglais et le russe
ω_2 : sauter en parachute
ω_3 : pratiquer la plongée sous-marine
ω_4 : supporter physiquement au moins 5 fois son poids (5G)
ω_5 : être en excellente santé
Etc. ces « événements » sont incontournables. Il en existe bien d'autres que l'on notera : ω_i, ω_n.
Par exemple, bien que ce ne soit plus exigé comme autrefois pour les pionniers, on peut considérer ω_6 comme l'événement « piloter un avion de chasse »
Tous ces « événements » partiels sont le minimum requis et l'événement Ω deviendra alors pour vous, après passation de toutes les batteries de tests psychotechniques, médicaux, psychologiques représentés par un $\{\omega_n\}$, l'événement « être recruté »

$$\Omega = \text{être recruté}$$

Cela est un exemple du minimum pour être candidat dans une agence russe, japonaise, chinoise, indienne, canadienne, à la NASA, à l'ESA… Au départ, ces « événements » manquent à tout commun des mortels. Ce manque, Jean-Paul Sartre l'a illustré en regardant la Lune ! Il écrit dans *L'être et le néant*[18] : « Chaque être manque d'une certaine réalité particulière et concrète… comme le disque ébréché de la Lune manque de ce qu'il faudrait pour le compléter et le transformer en pleine Lune… Ce qui manque au croissant de Lune pour être Lune,

---

[18] Sartre J.-P., *L'être et le néant*, Paris, Gallimard, 1943, p. 140-141.

c'est précisément un bout de Lune ». Pour chacun de nous, l'homme est avant tout un être qui anticipe ce qu'il désire et ce qu'il veut. C'est un « être des possibles ». Ainsi, dit Sartre, nous sommes « chassés hors de l'instant » et le possible est une propriété qui nous appartient en propre. Navettes, lanceurs, fusées nous rendent pensable ce qui ne l'était pas il y a deux siècles à peine, ce qui est dérisoire dans l'histoire de l'humanité.
Les nombreux auteurs cités ici furent astronautes et, en ce sens, tous les témoignages, les conseils, les expériences évoquées donnent à chacun la possibilité concrète de réaliser un rêve. Devenir astronaute n'est plus un projet subjectif abstrait. Si je crois que l'on peut encore actuellement s'inspirer de Gagarine, d'Aldrin et d'Armstrong entre autres, c'est précisément parce qu'ils ont transformé le rêve humain en univers des possibles. Aussi, si vous voulez suivre leurs pas et même les dépasser en envisageant d'aller sur Mars, il vous faut savoir en quoi consiste la formation de base. En Europe, elle a lieu à l'*European Astronaut Center* (EAC) qui est un département de l'ESA à Cologne en Allemagne. Vous pouvez commencer par vous initier à une assistance technique aux programmes de vols habités de l'ESA. Attendez-vous à passer une bonne partie de votre carrière à vous entraîner. Après la formation de base vient la formation avancée, puis si vous devez partir dans l'espace, il vous faudra réaliser une formation spécifique à votre mission.

La formation de base : Après avoir été recruté(e), vous réalisez cette formation pendant un an à Cologne. On vous fournit des informations sur l'ESA mais aussi sur les autres agences spatiales et leurs programmes spatiaux. Des bases en ingénieries spatiale et électrique sont dispensées, mais aussi des cours de sciences naturelles et physiques. Vous allez découvrir les systèmes les plus importants de l'ISS, de la navette américaine et du vaisseau russe Soyouz.

Vient ensuite l'apprentissage de disciplines particulières telles que la plongée sous-marine, dans la perspective d'une sortie extravéhiculaire dans le vide intersidéral. Vous allez apprendre la robotique, les techniques d'amarrage, les sciences du comportement, et vous avez environ six mois pour apprendre le russe. Quand vous serez au point en russe, vous serez reçu dans une famille russe pour être totalement immergé, notamment à Saint-Pétersbourg. A vos moments perdus, vous pourrez en profiter pour visiter le sublime musée de L'Hermitage !

La formation avancée : Ceux qui préparent le concours d'entraînement pour être pilote de ligne connaissent bien les tests psychomoteurs et psychotechniques de l'Ecole Nationale d'Aviation Civile (ENAC). On évalue les aptitudes de visualisation spatiale, la capacité à faire des choix stratégiques et surtout à résister aux frustrations. Vous pourrez vous entraîner en vous amusant avec *la boule oscillante.* Elle permet d'évaluer votre capacité à maintenir une boule au milieu d'un repère carré. *Le test de slalom* évalue, lui, votre capacité à optimiser une trajectoire en conservant une bonne rapidité d'exécution. La durée de ce test dépend de votre rapidité effective. *Le test des points et lignes* évalue votre tolérance à la difficulté. Les difficultés varient au cours de l'exercice. Vous pouvez utiliser un joystick ou simplement un clavier azerty. *Le test de couleurs* évalue vos capacités attentionnelles et votre réactivité face à des changements. Toutes les secondes environ, deux cercles apparaissent. Ils peuvent être soit vides, soit rouges, soit jaunes. Vous devez appuyer sur une flèche uniquement dans les cas suivants :

- Vous voyez un cercle rouge et jaune (avec un son de cloche ou non),
- Vous voyez un cercle jaune (uniquement un !) et vous entendez une cloche.

Les tests psychotechniques EPL-ENAC éliminent 70 % des candidats. *Le test d'atterrissage* évalue l'aptitude à maintenir un objet dans un volume donné, tout en optimisant vitesse et précision. Il faut passer 50 portes en un temps record. Cela complète la formation de base. *L'advanced training* dispense plus spécifiquement les connaissances et les aptitudes approfondies nécessaires aux opérations et à la maintenance des systèmes, des équipements et des modules de l'ISS ainsi que des vaisseaux spatiaux permettant d'y accéder. Votre entraînement, à ce stade, sera plus détaillé. Il offre une expertise nécessaire à tout futur membre d'équipage effectuant une mission à bord de l'ISS. Votre formation comprendra ainsi une spécialisation dans certaines fonctions : en robotique, en maintenance et tout ce qui concerne les activités intra et extravéhiculaires. Vous serez également au fait des aspects médicaux et des charges utiles de l'ISS.

La formation spécifique à la mission : C'est la troisième étape de l'entraînement nommé *Increment-specific training.* Le terme *Increment* désigne la période située entre deux changements d'équipage à bord de la station. Cette période apporte aux astronautes affectés à une mission ainsi qu'à leurs remplaçants, les connaissances et les aptitudes requises pour leurs missions. La durée de votre dernier entraînement avant le départ est de 18 mois. Elle est propice à l'intégration et à l'esprit d'équipe que j'ai développés précédemment. Que vous soyez homme ou femme, il n'y a aucune différence dans l'entraînement.

Résumé des différentes étapes de la sélection :

Résumons-nous. Dans l'ordre, voici les étapes du processus de sélection :

1. Sélection initiale sur le dossier que vous avez fourni.
2. Tests psychotechniques et psychologiques ainsi qu'entretiens.
3. Examens médicaux : vous devez être en parfaite santé générale. Vous serez examiné souvent et autant de fois que cela sera nécessaire. Vos antécédents médicaux sont également pris en compte et minutieusement analysés.
4. Entretien d'embauche : vous devez montrer alors plus que jamais votre volonté, votre détermination, votre perspicacité.

La liste finale des candidats est soumise au directeur général de l'Agence Spatiale Européenne qui procède au recrutement définitif.

Comment et où déposer votre candidature ?

Si vous avez entre 25 et 35 ans, vous pouvez postuler en ligne directement sur le site Internet de l'ESA. Voici l'adresse du site : www-esa.int/astronaut-selection.

L'inscription se fait en deux étapes :

- Préinscription : vous fournissez des informations très complètes sur votre identité, vos antécédents et un certificat médical intitulé JAR-FCL3 classe 2, remis par un médecin certifié en médecine aéronautique.
- Inscription : un mot de passe vous sera fourni pour vous permettre d'accéder au formulaire de candidature.

Enfin, les établissements où se dérouleront les tests et entretiens vous seront communiqués si votre candidature est retenue.
En attendant, faites preuve de patience et amusez-vous comme des gamins ! Voici un témoignage où Jean-Loup Chrétien s'amuse en criant à son collègue Sacha : « Bravo ! Fantastique ! Comme le ferait un enfant après son premier tour de manège », précise-t-il[19]. En effet, éprouver du plaisir étant gosse à être bousculé dans des manèges comme les autotamponneuses des fêtes foraines est un bon début. Si en plus vous aimiez, dans le Grand Huit ou à « Space Mountains », vous élever dans les airs lors d'une nuit d'encre pour ensuite chuter à une vitesse vertigineuse, la tête en bas, les mains serrées sur la barre de sécurité, pendant que déferlent à toute allure visages, maisons, lumières, avenues en une vague rageuse, alors là vous êtes parés pour l'espace ! Il vaut mieux, dès votre plus jeune âge, avoir supporté en riant à gorge déployée les à-pics, les loopings qui vous arrachent le ventre quand, d'un coup, vous voyez tout à l'envers, avoir toléré sans problème les brusques élans, les soubresauts inattendus, les cahots terribles, le cerveau bouillonnant d'excitation, il vaut mieux, dis-je que vous ayez été complètement insensible à l'incroyable boucan de cirque de cette éprouvante attraction pour avoir quelque chance d'être à l'aise lors des entraînements intensifs qui vous attendent !
Comme le « vécu » des secousses est hautement subjectif ! Prenons un exemple simple et banal : si quelqu'un vous bouscule dans une file d'attente, ça peut vous énerver vous serez peut-être vif ou agressif, alors que par ailleurs vous avez fait la queue et payé pour être secoué dans tous les sens dans

---

[19] Chrétien J.-L., *op. cit* p. 154.

le manège infernal que vous avez choisi. Dans le premier cas, surpris, vous manifestez vivement votre agacement, et votre réaction peut être chargée d'hostilité. Dans le second, vous riez à gorge déployée alors qu'on vous secoue comme un prunier ! Autre exemple de la différence de vécu d'une situation quasi-identique : vous êtes pris à partie dans la rue par une personne qui vous menace. La même « menace » sur un tatami dans un cours de judo sera interprétée comme une invite. Pourquoi ?

La différence réside dans le savoir pratique et la prévision. Reprenons le premier exemple : dans la file d'attente, vous ne vous attendiez pas à être bousculé et cela vous énerve même si l'intention n'est pas hostile. Dans l'attraction foraine, vous *savez* que vous serez malmené. Vous *savez* que les wagons, qui dégringolent et se cambrent à tout-va dans un incroyable fracas de ferraille, sont soumis à des normes de sécurité, que vous n'allez pas vous écrabouiller, que rien ne peut vous arriver de sérieux, que tout danger réel est quasi-nul. Dans le second exemple, c'est la même chose. Qu'une personne pose la main sur vous ou vous bouscule quand vous ne vous attendez pas à être ainsi pris à partie, cela peut vous chauffer les oreilles voire déclencher des réactions inopportunes et violentes.

Dans tous les arts martiaux, vous *savez* faire face à la situation, car « être bousculé » ou « être menacé » fait partie de votre entraînement. Cela sera vrai, plus tard, évidemment pour l'entraînement des pilotes de chasse. Eh bien, il en va de même pour ceux qui veulent devenir astronautes. Vous devez savoir que vous aurez maintes et dures épreuves à affronter et c'est cette *connaissance* pratique anticipée qui vous permettra, non seulement de supporter des situations difficiles, mais aussi de persévérer et de tenir bon face à des situations potentiellement dangereuses. Pour devenir astronaute, il vous faut donc anticiper votre avenir non seulement comme pouvant faire face à des événements imprévus, nombreux et fréquents, mais aussi comme étant psychologiquement et physiquement gagnant dans la durée.

Mais attention : gagnant avec toute la modestie que vous impose la philosophie des Stoïciens associée à celle, plus récente du père de l'existentialisme, qui met l'avenir de l'homme en tant que *pro-jet* au cœur même de sa pensée. *Pro-jet* écrit en deux mots pour bien signifier que le chemin à parcourir, le trajet, est toujours en avant de soi et non derrière. C'est le principe fondamental de la psychanalyse existentielle que j'ai élaboré cliniquement, notamment dans un ouvrage de psychodrame existentiel puis dans un essai d'ethnoclinique existentielle en partant des écrits de Sartre. « Sans une vision claire du futur, écrit justement l'astronaute américaine Sally Ride, nous piétinerons dans le présent ». Patrick Baudry précise : « Youri Gagarine, Neil Armstrong ont eu une vision claire de l'avenir fondée sur leur passion, sur la mission qu'ils ont accomplie, sur une certaine philosophie de la vie et de l'engagement »[20]. Cette philosophie, nous la connaissons depuis des siècles, grâce aux Stoïciens. Elle se résume ainsi : « Les hommes sont stimulés par le travail, la douleur, les privations afin d'acquérir une force véritable ».

Alors comme le conseillait John Mac Bride, cité au début de ce livre : « Study, study ! study ! ». Et s'il vous plaît, lisez Sénèque[21] plutôt que Nietzsche qui n'a cessé de le piller, et notez bien ce qu'il écrit à Lucilius : « Les hommes de bien acceptent les épreuves auxquelles ils sont soumis… S'ils

---

20 Baudry P., *op. cit.* P. 294.

21 *Les Stoïciens*, Paris, Gallimard, 1962, p. 765 à 791.

subissent des traitements rigoureux, c'est pour apprendre aux autres à les supporter… J'ai aimé vos âmes confrontées à des événements terribles, parfois insupportables. Supportez-les avec courage ! La constance de l'effort est indispensable aux aspirants à la sagesse ». Sénèque poursuit :
« Les missions périlleuses sont confiées aux courageux. Jamais la vertu ne se témoigne dans la mollesse. La vertu est avide de périls. Ce sont les meilleurs que l'effort fait lever ». Enfin, il y a vingt-cinq siècles, il a ces mots fabuleux : « Attaque-toi, mon âme, à une action longuement méditée. Ce n'est qu'à l'épreuve que l'on se connaît soi-même La plus belle route de Sextius, c'est une course au milieu du ciel… Par là, par la voie de la frugalité, de la tempérance et du courage on va jusqu'aux étoiles ! »

L'espace n'est pas accessible à tous

Notre espace est modelé en partie par nos expériences infantiles dont certaines nous interdisent une appropriation émotionnelle telle que l'exigent les critères de sélection du futur astronaute. Tout jeune enfant crée son espace de vie à partir d'expériences singulières chargées de sens et il est essentiel que ce sens soit ensuite relativement exploitable. L'espace de mouvement chez l'enfant est une conquête motrice et une maîtrise de soi. Cette conquête est teintée d'affectivité qui est d'autant plus importante qu'elle est favorable à la survie. De ce point de vue, la pensée magique, qui admet l'action miraculeuse à la façon des fées de nos contes, doit être petit à petit délaissée : elle n'a pas sa place dans l'espace cosmique qui impose les contraintes du réel comme l'a montré Pierre Kaufmann dans *L'Expérience émotionnelle de l'espace*. Le vécu de l'espace a, chez chacun de nous, une importance particulière. L'être humain doit pouvoir y exercer sa force et son intelligence même quand disparaissent, parce qu'elles n'ont plus aucun sens, les notions habituelles de haut et de bas, de droite et de gauche, d'avant et d'arrière, de dessus et de dessous, d'ici et là, etc., autant de « déictiques » qui suscitent attraction, répulsion, ou tout simplement mise en action.

Kaufmann souligne que la joie dilate l'espace et que la tristesse le contracte. C'est une hypothèse intéressante, mais je ne sais pas si c'est toujours vrai. Quoi qu'il en soit, le vécu de l'espace doit offrir un champ au déploiement d'actions logiques réalistes et vitales. Lors des entraînements en centrifugeuse par exemple, les hémisphères cérébraux sont mis à rude épreuve. En tant que futur astronaute vous devrez témoigner de facultés organisationnelles déterminantes pour votre survie, notamment lors de sorties extravéhiculaires quand l'espace n'offre plus aucun support puisque c'est le vide absolu ! L'espace cosmique est, en effet, loin d'être le lieu de tous les conforts et de toutes les félicités. Il est doté de singularités qui dépassent le sens commun.

Avec toutes les contraintes qu'imposent les vaisseaux spatiaux, y compris l'ISS, grand comme un terrain de football, mais qui reste un espace confiné malgré tout, il faut bien que l'espace de vie, pour chacun, puisse être supportable pendant des mois sans être l'enjeu de conflits majeurs. C'est une erreur de penser (ou de faire croire) que la conquête de l'espace est accessible à tous.

Chez les personnes que l'on qualifie de « phobiques » par exemple, l'espace possède une intensité affective souvent invalidante, mêlée à d'obscures significations symboliques. L'horrible écrasement que subit l'espace chez les claustrophobes est rédhibitoire. Leur espace de vie est trop étriqué pour supporter le confinement. Les névrosés dont l'espace psychique est étique, les sujets psychotiques à l'esprit éclaté, n'ont aucune chance d'être retenus comme candidats pour partir en orbite. Dans *Psychologie et cosmos*, Youri Gagarine a insisté à juste titre sur les illusions spatiales c'est-à-dire sur les difficultés psychologiques internes surgissant sans perturbations extérieures.

Il traite aussi des problèmes interrelationnels qui peuvent surgir et qui relèvent, en orbite, de ce qu'il nomme « une psychologie de groupe ». Il rapporte l'aventure étrange d'un pilote aux prises avec le dysfonctionnement d'un appareil et qui fut interné en psychiatrie à deux reprises alors qu'il était « absolument sain d'esprit et apte au vol ». Il avait été seulement victime de ce que Gagarine nommait « l'état de démence » non pas de la personne, mais d'un dispositif technique et d'un « caprice électronique ». Il note : « La possibilité de fonctionnements inattendus de la part d'appareils et de systèmes automatiques doit être prise en considération dans les cas de vols spatiaux »[22]. Il souligne qu'il ne faut éprouver aucun énervement, aucun trouble émotionnel et que l'entraînement exige une « maîtrise de soi très poussée ».

Dans le chapitre intitulé « Selon Hippocrate », Gagarine aborde la question des « tempéraments », reprenant la classification antique des « humeurs » : le sanguin, le flegmatique, le colérique, le mélancolique, tout en reconnaissant que cette classification paraît aujourd'hui bien naïve. Il distingue, en revanche, un « système fort » capable de supporter un effort intense et prolongé, et un « système faible » qui s'effondre à la moindre frustration. Il pose une question simple : « comment le tempérament influe-t-il sur l'activité des cosmonautes ? » Il met au premier plan la capacité d'autocritique dans l'appréciation de ses propres actions et son attitude envers ses collègues et amis. Examinons ce qu'il en dit.

Le tempérament colérique et autoritaire pose incontestablement problème. Les personnes irritables, fougueuses, combatives s'emballent avec passion, mais s'épuisent nerveusement assez vite au point de se sentir à bout de forces. Les colériques ont, certes, une « volonté impétueuse, mais sont brusques, francs à l'excès et s'emportent facilement ». Pavlov lui-même se serait rangé parmi les colériques pour lesquels les processus d'écrantage des pulsions agressives fonctionnent mal. Il remarque, je cite que « les cosmonautes de tempérament colérique acquièrent rapidement les automatismes nécessaires ». Mais il tempère ses propos : « D'un

---

22 Gagarine Y. et Lebedev V., *op. cit.* p. 70 et 78.

autre côté, ils font de nombreuses erreurs au cours des séances d'entraînement… Leurs principales fautes sont la précipitation et une concentration insuffisante de l'attention ». Il mettait Leonov et Titov dans cette catégorie.

Les sanguins sont « des travailleurs ardents extrêmement efficaces seulement quand il y a beaucoup de choses à faire ». Selon lui, ils s'adaptent vite aux changements de conditions de vie et ont des bons contacts avec l'entourage. Ils sont d'un commerce aisé et n'éprouvent aucune gêne en compagnie des gens qu'ils voient pour la première fois. Au sein d'un groupe, « le sanguin est joyeux, de bonne humeur et s'adonne volontiers à toute expérience nouvelle intéressante avec une grande souplesse d'esprit ».

Gagarine met Lermontov et Herzen dans cette catégorie de personne et s'y inclut lui-même.

La fiche psychologique de Gagarine avant son vol portait l'appréciation suivante : « Lors de sa préparation et de son entraînement, Youri Gagarine fit preuve d'une extrême précision dans l'exécution des divers tests psychologiques et d'une grande résistance aux stimuli brusques et intenses. Ses réactions lors d'un isolement prolongé en « chambre de silence », sauts en parachute et impesanteur ont toujours été actives. Il s'orientait rapidement dans des circonstances nouvelles et savait se maîtriser dans des situations inattendues. Le comportement de Gagarine en chambre de silence a révélé qu'il avait une capacité exceptionnelle à se réveiller seul au moment fixé. Parmi ses traits de caractère, signalons son sens de l'humour, sa tendance à la bonhomie et à la plaisanterie… Il est capable de travailler avec calme, précision et réalise des rapports nets et laconiques après chaque exercice. L'assurance, la concentration, la curiosité d'esprit, la bonne humeur confèrent une originalité très personnelle à son acquisition des automatismes professionnels »[23].

Les flegmatiques, eux, sont calmes, persévérants, opiniâtres dans des circonstances difficiles. Ils savent se maîtriser et s'acquittent facilement d'une tâche supposant un effort prolongé, méthodique et exigeant une dépense d'énergie régulière et uniforme. Ils peuvent certes répéter des erreurs de même type, mais travaillent calmement, minutieusement et sans hâte. Les comptes-rendus sont objectifs, détaillés, systématiques. Adrian Nikolaïev fut rangé parmi les flegmatiques, ponctuels, attentifs retenus sur le plan émotif.

Les mélancoliques, eux, sont timides, effacés. Gagarine souligne que « les situations nouvelles leur font peur, qu'ils se troublent et perdent facilement contenance. Les situations nouvelles, les gens qu'ils voient pour la première fois leur font peur... Gogol et Tchaïkovski étaient des mélancoliques... Les mélancoliques ne feront pas de bons cosmonautes, car ils sont appelés à travailler à la limite de leurs possibilités physiques et psychiques. Ce qui ne veut pas dire, évidemment, qu'avec le développement de la cosmonautique, ils ne puissent, un jour, être admis à participer à des vols en qualité de collaborateurs scientifiques ou de spécialistes divers ».

Il est important, en effet, de laisser un espoir à tous. Mais ne nous leurrons pas. Si vous êtes dépressifs, angoissés, hallucinés, autistes, paranoïaques, traumatisés, vous n'avez pas votre place dans la conquête spatiale. Il y eut pourtant une époque, quand j'étais étudiant, où l'on prétendait, comme Jean

---

[23] *Ibid*, p. 109 à 113.

Bergeret, qu'« aucun fossé fondamental n'existe entre l'individu réputé normal et le névrosé »[24].

Dans les années 1970, l'idéologie consistait à nier toute différence pour ne pas mettre à l'écart les personnes ayant un handicap physique ou mental. Après mai 68, il n'y avait plus de fous délirants, mais des gens « différents », plus d'aveugles, mais des « malvoyants », plus de vieux, mais des « seniors », plus de malades mentaux, mais des… « pseudo-normaux » !

Ce ramassis de litotes, d'euphémismes et surtout de déni de la différence conduisit Bergeret et son école à déclarer que nous sommes tous des névrosés, tous un peu fous, tous plus ou moins normaux. Depuis lors, pour ces idéologues, il n'y eut plus de Noirs, mais des « gens de couleurs », plus d'autistes, mais des « enfants à problèmes », plus d'homosexuels, mais des « gays » et tutti quanti. Les « pseudo-normaux » furent même considérés, je cite, comme des « leaders exceptionnels », des « petits génies dépourvus de « structure profonde, stable et définitive ». Voilà ce qu'étaient devenus, et ce qu'est encore pour certains, les concepts de normalité et de pseudo-normalité.

J'aimerais qu'on m'explique ce qu'est une « structure définitive » ! Et en quoi elle serait garante d'une certaine « normalité » chez l'homme, dont la spécificité est justement le contraire de l'achevé et du définitif, c'est-à-dire l'être qui doit faire preuve d'une adaptation permanente à de nouveaux milieux ! Par ailleurs, le déni de toute différence (« nous sommes tous névrosés, tous fous, tous des juifs allemands ! » version mai 68 donc, et reprise récemment par l'amalgame idéologique de foules entières clamant « je suis Charlie », « Je

---

24 Bergeret J., *Abrégé de psychologie pathologique*, Paris, Masson, 1974, p. 125 à 127.

suis Manchester, etc..) conduit à tenir des propos « politiquement corrects », mais faux et dangereux. Car, à ce titre, les pédophiles qui violent les gosses, les tueurs en série, les psychopathes, les schizophrènes impulsifs et criminels sont, comme vous et moi, parfaitement… normaux !

« On n'ose plus opposer maintenant de façon simpliste, insiste Bergeret, les « gens normaux » aux « malades mentaux » quand on considère leur « structure profonde ». Il ajoute : « On se rapproche de l'opinion fort sage de l'homme de la rue qui estime que n'importe quel humain se trouve dans un état normal quand il arrive à s'arranger avec ses problèmes et à s'adapter à lui-même comme aux autres ». Plus loin encore : « Le bien portant… est un sujet qui peut être aussi malade que bien des gens ». Bref, Landru est un alter ego et Barbe-Bleue pète la santé !

Plus sérieusement, les concepts de fiabilité et de prévisibilité sont essentiels pour rétablir une différence significative entre le normal et le pathologique. J'ai montré dans *Le Dur métier de psychologue* que les malades psychiatriques sont aussi imprévisibles que l'éruption d'un volcan, peu fiables, dangereux pour eux-mêmes ou pour les autres. Aucun des patients dont j'ai rapporté l'histoire dans ce livre ne pourrait devenir astronaute. Pendant plus de trente ans, j'ai côtoyé et soigné des personnes imprévisibles, inquiétantes, irresponsables de leurs actes et souvent dangereuses. Elles étaient loin d'être… bien portantes ! Et encore moins susceptibles de partir en orbite sauf peut-être dans leurs pauvres rêves d'enfants.

Les grands dangers de l'espace

Je trouve vraiment intéressant et fructueux que des écoles, des collèges, des lycées aient réussi à poser maintes questions en direct, par contact radio, avec Thomas Pesquet, car cela suscite chez les jeunes un intérêt accru pour les sciences, les technologies et les programmes spatiaux. Mais certains critiques furent surpris en l'entendant évoquer son dîner de Noël, à savoir langue-de-bœuf façon Lucullus, poulet aux morilles, pain d'épices au poivre, ce qui donna l'impression que l'ISS était devenue une sorte de Fouquet's de l'espace, qu'être en orbite est aussi confortable qu'un salon où l'on cause, et que percer les secrets de l'univers est un jeu d'enfant.

Or c'est loin d'être le cas. Les astronautes et les chercheurs ne sont pas des dieux célestes même s'il y a heureusement des joies qui ne se mesurent pas. Les avancées de l'astrophysique sont d'une incroyable complexité et les connaissances évoluent à une vitesse sidérante. Dans les années 1960, on croyait encore que l'univers était éternel et stationnaire. Nous le savons aujourd'hui créé par le Big Bang et en expansion. Il n'est pas bon de faire croire aux jeunes cerveaux que tout est simple et sans danger. C'est avec raison, prudence et expérience que les astronautes français de la première génération, Claudie et Jean-Pierre Haigneré confiaient récemment : « Il n'y a pas de routine dans l'espace ». Non, l'espace interstellaire n'est pas *l'Azur* de Mallarmé. Et la maîtrise du « stress gravitationnel » n'exclut pas les vraies frousses. Même si elle doit être contrôlée au maximum, la peur n'est pas absente, car les dangers réels sont multiples.

- **Premier danger**

Le premier danger auquel ont succombé quelques-uns par arrêt cardiaque est le « stress gravitationnel » d'accélération au départ et de décélération lors du retour dans l'atmosphère. Jean-Loup Chrétien témoigne : « La décélération est maintenant très forte, les vibrations et le bruit aérodynamique s'amplifient… j'aperçois des flammes oranges sur les bords des hublots. Nous nous calons dans nos sièges. Notre décélération doit être d'environ 5 G… Le bruit est assourdissant, la rafale de mitraillette du cordon pyrotechnique du compartiment à parachute est suivie d'une forte décélération et de rotations brutales dans tous les sens un peu comme dans une mauvaise vrille sur un avion à réaction… Volodia nous rappelle que tout peut arriver avant que nous soyons redescendus »[25]. Le « moulin du Diable » comme on nomme parfois la centrifugeuse, est éprouvant et dangereux si vous n'êtes pas en excellente santé.

Mais le « stress gravitationnel » n'est rien à côté des maladies cardio-vasculaires qui peuvent survenir en impesanteur. Une étude de la revue *Scientific Reports* (juillet 2016) a révélé que 5 astronautes des missions Apollo étaient morts d'accidents cardiaques auxquels s'ajoutent 5 astronautes russes non référencés dans cette étude, il s'agit de :

- côté américain : Wally Schirra, Donn Eisele (Apollo 7), Neil Armstrong (Apollo 1), Jim Irving (Apollo 15), Ronald Evans (Apollo 17).
- Côté russe : Guerman Titov (Vostock 2), Eugeni V. Khranov (Soyouz 5), Lev Demine (Soyouz 15), Nikolaï Rukavishnikov, Adrian Nikolaïev.

---

[25] Chrétien J.L., *Sonate au clair de Terre*, Paris, Denoël, 1993, p. 149 à 154.

Les veines et les artères perdent leur capacité de dilatation. Il semble que séjourner longtemps en microgravité modifie le fonctionnement du cœur sur le long terme. En mars 2014, lors de la 63ème conférence annuelle de *l'American College of Cardiology*, à Washington, bon nombre de médecins mettaient l'accent sur l'accroissement des cas d'athérosclérose (rigidification des artères), des risques d'anévrisme et de ruptures coronariennes. Outre l'impesanteur, le phénomène HZE (*Hight Atomic Number and Energy*), en particulier l'irradiation par les ions Fer 56, provoque des altérations génétiques au niveau de l'ADN moléculaire et induit un « stress oxydatif » affectant les cellules de l'endothélium vasculaire. Comme me l'a expliqué François Spiero, « la France, au sein de l'ESA, est à la pointe des recherches dans ce domaine ». Dossier à suivre donc pour confirmer ou infirmer ces dangers et surtout pour mieux les connaître.

- **Deuxième danger**

La première sortie historique dans le vide spatial faillit tourner au drame. En 1965, Alexei Leonov sort du sas du vaisseau Voskhod, mais la pression du vide absolu étant nulle, son scaphandre se mit à gonfler comme un ballon de baudruche. Il ne pouvait plus rien tenir avec ses mains et ne pouvait plus rentrer dans le sas. Pour dégonfler, il dépressurisa son scaphandre, mais faillit mourir d'asphyxie. Ce danger nommé le « syndrome Léonov » en sortie extravéhiculaire est depuis, maîtrisé et l'on a rigidifié les scaphandres pour compenser les variations de pressions. Les vêtements sont pressurisés, les combinaisons en nylon et uréthane ont plusieurs couches de protection, et il y a depuis cet incident, des visières extra-véhiculaires avec valve de contrôle de la température, de la

pression et des gants spatiaux munis de résistances chauffantes au bout des doigts. Un ordinateur de bord est intégré au scaphandre ainsi qu'une antenne de communication, un bloc de contrôle des fonctions biologiques, des batteries électriques et des réservoirs d'oxygène.
Autre menace beaucoup mieux maîtrisée actuellement : la lumière aveuglante du soleil. Elle peut provoquer un décollement de la rétine voire une cécité. Maintenant une visière dorée atténue systématiquement la lumière extrêmement violente en sortie extravéhiculaire. Autre problème avec les casques : en 2013, l'astronaute italien Luca Parmitano a failli se noyer dans son casque qui se remplissait d'eau provenant du système de recyclage. Au lieu de 6 heures, la mission a duré 1h30 à cause de la défaillance d'une pompe. Les ingénieurs de la NASA équipèrent le fond du casque d'une éponge pouvant absorber plusieurs litres d'eau.
Tout ce barda permet d'en finir avec ce que Chrétien nommait « le hasard de nos déambulations » quand son ami Volodia cherchait, en une « véritable danse de Saint-Guy », la montre Oméga destinée à être offerte au président François Mitterrand ! Les jeunes maîtrisent mieux les mouvements en impesanteur et font même des jeux, m'a rappelé Wendy Lawrence, s'envoyant des « M&M » ou d'autres friandises à rattraper avec adresse directement dans le gosier !

- **Troisième danger : Le feu.**

C'est une préoccupation principale en impesanteur. Les instruments électroniques peuvent produire des étincelles lors d'un court-circuit ou si les écrans de contrôle, les ordinateurs surchauffent. On ne peut pas ouvrir la fenêtre ni appeler les pompiers ! L'astronaute américain Andrew Thomas raconte que lors d'une mission sur la station MIR avec deux collègues russes, un incendie s'est déclaré. C'était en mai 1998. « La fumée a envahi la cabine et l'air s'est empli d'un épais nuage. Le système de ventilation a diffusé cette fumée dans toute la station. Il a fallu deux jours pour que le système l'évacue. Nous avons tous eu des symptômes liés au dioxyde de carbone : nausée, esprit confus, maux de tête… c'était terrible ». Depuis, on a créé des ouvertures dans les tableaux de bord afin d'éteindre un feu qui se déclencherait derrière le tableau, cela en branchant directement un extincteur. Le grand poète Hölderlin a raison : « Là où croît le péril, croît aussi ce qui sauve ». L'homme n'a pas une « structure définitive » : il s'adapte !

- **Quatrième danger : les radiations**

Les radiations sont un danger réel important. Les éruptions solaires sont brusques, violentes, destructrices pour tout être vivant et elles peuvent durer plusieurs jours de suite. Les protubérances éruptives du soleil sont formées de particules α (noyau d'hélium) très pénétrantes qui faillirent coûter la vie aux équipages d'Apollo 16 et d'Apollo 17. Les protons émis sont mortels en orbite tandis que sur Terre nous sommes tous protégés contre ces radiations. Un indice d'activité solaire radioactive a été introduit par Wolf, le premier directeur de l'observatoire de Zurich. Les taches solaires sont des centres d'activité dont l'origine magnétique est liée à la rotation différentielle du soleil. Des boucles de champs magnétiques sont transportées par convection et émergent à la surface du soleil qui fonctionne comme une énorme dynamo. Les éruptions s'accompagnent d'une émission intense de photons couvrant un large spectre du domaine radio aux rayons X.

Elles libèrent une énergie colossale : jusqu'à 10^{25} joules en quelques minutes soit l'équivalent de 2 milliards de bombes nucléaires de 1 million de tonnes, provoquant un échauffement du plasma jusqu'à 100 millions de degrés et stimulant l'accélération d'électrons, de neutrons, de protons et d'ions lourds. Au mois d'août 1972, entre Apollo 16 et Apollo 17, l'équipage a eu beaucoup de chance : il s'est produit l'événement le plus intense après ceux de février 1956 et de novembre 1960. L'éruption à protons d'énergie supérieure à 30 millions d'électronvolts aurait en effet été fatale aux astronautes s'ils étaient partis à ce moment-là : un afflux de particules hautement énergétiques aurait envahi leur organisme détruisant toutes les cellules du corps en quelques secondes. Gardons donc à l'esprit les deux points suivants :

- Les éruptions solaires à ions lourds sont un danger mortel : l'état d'ionisation dans la seule couronne solaire correspond à un plasma de deux millions de degrés Celsius. Les radiations ionisantes peuvent transpercer bien des blindages en orbite, et c'est une chance pour tous les êtres vivants qu'elles soient arrêtées par l'écrantage magnétosphérique de la Terre.
- Les rayonnements cosmiques, découverts par V. Hess en 1912, sont dus à des explosions d'étoiles identifiées seulement dans les années 1950. Il s'agit de rayonnements galactiques liés à des éruptions stellaires soudaines ou à l'explosion de Supernovæ. Là encore, sur Terre, le filtrage magnétosphérique est opérant et efficace. Nous sommes relativement protégés sauf contre les rayons ultraviolets dont il faut se méfier maintenant que nous avons à peu près compris ce qu'est génétiquement notre « capital soleil ». J'ouvre ici, toutefois, une parenthèse que je crois utile : la

mode du bronzage est un fléau. Les gens s'exposent de plus en plus souvent au soleil. Beaucoup font, en plus, usage d'UV artificiels, c'est tragique. Le surgissement de cancers de la peau est alarmant. Voici quelques chiffres de l'Organisation Mondiale de la Santé :

- 8250 nouveaux cas de mélanomes en 2010,
- 9780 en 2011,
- 11 176 en 2012.

Les deux tiers sont dus à une exposition excessive au soleil. Mais ce n'est pas tout, et les jeunes qui se font toaster avec désinvolture doivent savoir cela : les mélanomes qui se déclarent dans 20 % des cas à partir d'un simple grain de beauté ne constituent que 10 % des cancers de la peau. Les autres formes de cancers de la peau sont les suivants :

- 20 % de carcinomes épidermoïdes,
- 70 % sont des carcinomes basocellulaires

L'Institut National du Cancer recense entre 80 et 100 000 nouveaux cas de cancers.

Je ne critique pas évidemment ceux qui contemplent quelque sublime *sunset* à Tahiti ou ailleurs et qui se font dorer sans excès, profitant ainsi des magnificences de l'astre d'or, mais je mets en garde ceux qui se laissent harceler par un soleil de plomb sans se soucier que trop de rayons ultraviolets augure d'importants problèmes de santé.

- **Cinquième danger : les débris spatiaux**

On évalue à 750 000 les débris spatiaux de plus de 1 cm qui gravitent à 40 000 km/h autour de la Terre. C'est une menace sérieuse pour les satellites opérationnels, mais aussi pour les personnes : l'énergie cinétique d'un petit objet de 1 cm peut provoquer une explosion équivalente à celle d'une grenade !

Des boulons, des fragments de satellites et de fusées encombrent l'espace avec risques de collisions. Cinq collisions se sont produites seulement, mais elles détruisirent le satellite chinois Fengyung en 2007 et le satellite Iridium. Chaque jour, une tonne de débris artificiels retombent sur Terre et se volatilisent dans l'atmosphère. Un énorme morceau de la fusée Ariane VA 221 indienne (laquelle avait décollée en décembre 2014) a fini sa course en mai 2015 dans un marais du Brésil. Un autre débris est tombé dans l'Océan Indien à 100 km au sud du Sri Lanka : ce serait un morceau d'Apollo 10 lancé en 1960 !
Une conférence européenne sur les « débris spatiaux » s'est tenue à l'Agence Spatiale Européenne à Darmstadt (Allemagne). Il en ressort que 18 583 débris recensés sont de taille suffisante pour être surveillés en permanence par des systèmes de radars au sol. Seulement cinq pays assurent ce suivi : Etats-Unis, Russie, Chine, Japon, France. « Le problème peut être réglé à long terme », assure Jean-Marc Astrog, directeur des lanceurs au CNES. Il faut désorbiter le satellite ou l'étage de fusée pour qu'il retombe dans l'atmosphère sans attendre que la décélération progressive lui fasse perdre de l'altitude. Actuellement, certains engins sont désorbités et dirigés vers une zone du Pacifique Sud s'étendant entre le 185ème et le 275ème méridien. Ce « cimetière des satellites » est nommé « Spoua » (*South Pacific Océan Unhabited Area*). Mais peu d'appareils sont dotés de systèmes de rentrée contrôlée. Des radars au sol suivent les principaux débris. Cela dit, le « nettoyage » de l'espace est prévu, grâce à des « Space Tugs », des remorqueurs de l'espace nommés parfois « chasseurs ». En décembre 2016, le Japon a lancé un appareil de nettoyage des débris spatiaux : c'est un

prototype expérimental à base de câbles réalisé par un producteur japonais de... filets de pêche !
Il est possible que l'on parvienne petit à petit ainsi à nettoyer la ceinture de déchets (*junk belt*) qui entoure la Terre.

- Sixième danger : les astéroïdes

Nous aimons tous regarder, la nuit, les étoiles filantes scintiller dans le ciel et nous nous amusons des Gaulois qui craignaient, autrefois, que le ciel leur tombe sur la tête. Pourtant, c'est très sérieusement que Buzz Aldrin consacre deux grands chapitres aux NEO's (*Near Earth Objects*) dans *Mission to Mars* dans la perspective d'une « planetery defense » et d'une « survivability of our species ». Est-il si certain que nous nous faisons de fausses frayeurs à travers les « films-catastrophes » comme *Armageddon* ou *Deep Impact* ? Effectivement les chances que la Terre soit percutée par un énorme astéroïde sont infimes, mais quand on a lu *Le Cygne noir* de Taleb, on se méfie des faibles probabilités et on ne joue pas à l'apprenti sorcier. Tout d'abord, dans l'espace, ce sont les micrométéorites qui sont les plus dangereuses. Celles qui ne mesurent que quelques centimètres peuvent transpercer les combinaisons des astronautes, détruire des appareils électroniques.
Anaxagore l'avait bien vu : « le soleil est une "pierre en flammes" ! ». Les micrométéorites datent de la formation du système solaire. Environ 100 millions d'objets météoriques traversent chaque jour l'atmosphère sans qu'il y ait de très grands dangers, car, consumés en quelques minutes, ils sont réduits à l'état de poussière. Sur Terre, les accidents sont rares et l'on compte une vache tuée au Venezuela en 1972 et, récemment, un chauffeur de bus en Inde percuté par une météorite le 6 février 2016. Notons toutefois les mille blessés

par des débris de vitres dus au souffle de l'explosion lors de la chute en Russie du bolide de Tcheliabinsk, une météorite dont l'impact, en février 2013, fit la une des médias.
Sur Terre, les cratères d'impacts peuvent être importants même s'ils n'interviennent que tous les cent cinquante ans. Tout le monde sait, grâce aux travaux de Luis Walter Alvarez, que l'extinction des dinosaures, à la fin du Crétacé (-67 millions d'années) est due à un météore gigantesque qui créa une sorte d'« hiver nucléaire » mettant en danger 75 % des êtres vivants de la planète. Et Aldrin remarque plaisamment que les dinosaures ont disparu « car ils n'avaient pas de programme spatial » et plus sérieusement que les NEO's, « il est préférable que nous les trouvions avant que ce soit eux qui nous trouvent ». La plupart de ces objets se trouvent dans la ceinture d'astéroïdes entre Mars et Jupiter. Elle contient des objets pouvant mesurer jusqu'à cent kilomètres de diamètre ! Actuellement, 70 NEO's pourraient potentiellement nous rendre visite au cours du XXIème siècle. Apophis est un astéroïde de 270 m de diamètre qui pourrait passer près de la Terre. Mais le projet B612 « sentinel » veille. Il constitue une « global response » nécessaire. En fait, la collusion est quasi impossible et les experts évaluent à 1/12 346 000 la probabilité que l'astéroïde Apophis percute la Terre. Mais un risque sur douze millions n'est pas zéro. Nassim Taleb nous invite à nous méfier des « Gauss busters ». En astrophysique ou en théorie des marchés, la courbe de Gauss n'est pas une amie… Apophis, ce serait dix mille mégatonnes de TNT, soit toutes les armes nucléaires de la planète ! Lisons plutôt *Le Feu du ciel* de Jean-Pierre Luminet (2002). Restons prudents et souvenons-nous des traces du passé.

1. Hoba est le plus gros fragment retrouvé sur Terre en Namibie dans les années 1920. Issu d'un corps de 10 km de diamètre, il pèse 66 tonnes.
2. El Chaco est tombé en Argentine il y a 5000 ans, il pèse 37 tonnes.
3. Candeco est un corps de 30 tonnes déterré en 2016.
4. Cape York, trouvé par les Inuits au Groenland est un bloc de 58 tonnes de fer et de nickel.
5. Armanti est tombé en Chine en 1898 et pèse 28 tonnes.
6. Méteor Crater en Arizona a servi d'entraînement aux astronautes de la NASA.
7. Chicxulub au Yucatan (Mexique) est le cratère de 200 km de diamètre qui a contribué à la disparition des dinosaures.
8. Tagish est le nom du lac (Canada) qui a vu un bloc rocheux de 5 m et de 200 tonnes arriver de la ceinture de Kuiper au-delà de Neptune.
9. Murchison est le nom d'un village australien situé à 100 km de Melbourne où est tombée une météorite qui a beaucoup fait parler d'elle. En effet, et pour ne pas rester sur une impression purement négative de ce qui tombe des cieux, cette météorite est pleine d'enseignements.

La météorite de Murchison contient des « composés probiotiques ». C'est une chondrite carbonée qui nous livre des secrets merveilleux : elle contient 70 acides aminés (acide glutamique, acide aspartique, etc.) ainsi que des bases azotées purine et pyrimidine constitutives de l'ADN et de l'ARN qui constituent le matériel génétique de tous les êtres vivants sur Terre. Grâce à la spectrométrie de masse et aux recherches du *Chicago Center for Cosmochemistry*, nous savons que des éléments essentiels du code génétique étaient présents au début du système solaire. Au début de l'histoire de notre planète, les bombardements météoriques étaient intenses. Ainsi, la vie se serait répandue dans tout l'univers et les océans auraient été enrichis, il y a 4,3 milliards d'années par la chute sur Terre de chondrites carbonées comme celle trouvée à Murchison en Australie.

Mais il y a plus encore pour faire rêver les oncles Picsou de la planète. A l'origine l'or n'était absolument pas présent sur Terre, car, étant plus lourd que le fer, il serait resté au sein du noyau terrestre[26]. Or, nous n'avons pas de trace d'or dans le magma en fusion au centre de la Terre. En fait, l'or de nos lingots et de nos bijoux est issu des grands bombardements qui eurent lieu il y a 4 milliards d'années et que l'on nomme *Late Heavy Bombardement* (LHB). L'or est associé au fer dans les minéraux des roches d'origine extraterrestre. L'or a été apporté par des astéroïdes après la formation de la Terre et de la Lune. Alors, rêvons un peu : ce qui nous menace nous apporte aussi des symboles de la richesse et surtout… de la vie !

---

[26] La densité de l'or est 19,3 celle du fer7, 8 à 20°C

L'alimentation dans l'espace

Mais passons maintenant à quelque chose de plus plaisant : l'alimentation dans l'espace. Elle se situe à la croisée des besoins corporels, des contraintes économiques, sociales, ou liées aux traditions, à l'hygiène et à l'imaginaire individuel et collectif. De fait, l'histoire des comportements alimentaires relève de la biologie, de la sociologie, de la psychologie, de l'histoire, des religions et de l'anthropologie. Aussi, avant d'aborder directement les problèmes de nutrition en orbite, peut-on faire un bref rappel concernant l'évolution des modes d'alimentation.

Au Paléolithique, les chasseurs pour survivre avaient besoin d'importants apports énergétiques et s'alimentaient en tuant de gros animaux. Au Mésolithique, l'homme reste un chasseur-cueilleur carnivore très actif et sa nourriture est constituée surtout de gibier (apportant lipides et protéines), de baies, de racines, de graines sauvages (apportant glucose et fibres). L'homme est nomade jusqu'au Néolithique (il y a 10 000 ans) et ses dépenses énergétiques sont très importantes comparées à celles actuellement d'un employé de bureau. Chez les Egyptiens, l'éventail alimentaire devient plus large. Les Grecs, eux, valorisent, non ce qui est naturel, mais ce qui est fabriqué par la main de l'homme, considérant qu'un être civilisé doit transformer sa nourriture. Ainsi valorisent-ils le pain, les galettes, le vin, le fromage. Seuls les soldats hoplites étaient particulièrement carnivores : ils avaient besoin de forces pour le combat. Mais aux yeux des philosophes ou des nobles, la viande, c'était bon pour les barbares. Au cours des siècles, et surtout avec l'industrialisation de la production

alimentaire, nous avons été conduits à consommer des produits de plus en plus transformés.
Par ailleurs, de nombreux tests ont montré que notre appétit est lié à l'image des choses que nous mangeons. Aussi, cette image doit-elle susciter le désir et ne pas être associée, comme c'est le cas parfois chez les enfants, à des éléments écœurants qui les font refuser ce qui est baveux, gluant, mou, comme le blanc d'œuf pas cuit (associé inconsciemment au crachat ou à la morve), le fromage « qui pue les pieds » comme ils le disent en riant ou des organes internes comme la langue-de-bœuf, la cervelle, le cœur, le « croupion » du poulet ou le mou (les poumons) qui était réservé aux chats quand j'étais enfant.
La science doit nous aider à vaincre certains dégoûts. Savoir que les liquides du corps (sueur, urine) sont recyclés entièrement par électrolyse et totalement purifiés, permet de surmonter nos réticences. L'eau recyclée est infiniment plus pure qu'une eau minérale et pourtant bon nombre de personnes font la grimace quand on leur précise ce point. Seuls les « déchets solides » sont stockés pour être éliminés.

L'aspect psychologique de l'image des choses a été développé en France par Roland Barthes en particulier dans ses *Mythologies*. Mais les Russes connaissaient depuis longtemps ce phénomène de répulsion. « Dès 1958, écrit Gagarine, dans l'essai mentionné plus haut, le chercheur Danileïko avait obtenu de l'eau potable par évaporation et purification de l'urine. Les personnes auxquelles on faisait boire cette eau la dégustaient avec plaisir si elles ignoraient son mode de préparation. Elles ne faisaient la grimace que quand on les en informait et cela ressort plutôt de la psychologie que de la physiologie ». Il ajoute : « Un savant américain a élaboré un système capable de produire en huit heures, quatre litres d'eau à partir d'urine… L'eau ainsi obtenue satisfait à toutes les normes sanitaires et hygiéniques. Des observations cliniques ont établi l'absence totale de troubles quelconques chez les sujets ayant longtemps consommé une telle eau »[27].

L'imagerie du marché traditionnel avec ses étals de poissons frais, de crustacés, ses viandes saignantes, ses fromages qui coulent et ses volailles caquetantes entre les caisses de choux et autres produits odorants de la ferme appartient à une époque de cocagne ! Dans l'espace, la prévention, l'hygiène, l'asepsie, l'absence de toute carence sont des priorités. En orbite, l'homme va devenir de plus en plus sédentaire, malgré les deux heures de sport que s'imposent les astronautes pour déjouer la perte musculaire et osseuse induite par l'impesanteur. Il est à prévoir que l'être humain subisse de grands changements dans son mode d'alimentation. D'abord, on ne prend plus nécessairement ses repas assis autour d'une table comme sur Terre. Ensuite le rôle central et traditionnel de la femme dans la préparation des repas n'est plus prépondérant. Notons aussi qu'il n'y a plus de différence entre les riches qui sur Terre ont souvent une alimentation plus carnée et les pauvres se nourrissant principalement de céréales et de végétaux. Dans l'avenir il n'y aura plus de « nourriture incivile » comme disaient les Grecs et les Romains. Bien sûr, des tabous alimentaires peuvent se perpétuer comme les tabous religieux sur certaines viandes (le porc par exemple), les tabous culturels que n'ont pas les Chinois, les Cambodgiens ou les Africains sur les insectes, les chenilles, les mygales et autres petites bestioles (pourtant riches en protéines), ni les tabous affectifs que peuvent avoir sur le

[27] Gagarine Y., *Psychologie et cosmos, op. cit.* p. 19.

cheval, les cochons d'Inde ou le lapin, certains enfants ou adolescents en Occident.

Dans l'espace, on trouve pourtant toutes les compositions du panier de la ménagère et même plus ! Certes, les produits doivent être compacts (car l'espace est limité), légers (car l'envoi des produits en orbite est coûteux), nutritifs (l'alimentation doit être saine et équilibrée), collants ou humides (pour éviter les miettes ou les morceaux flottant en impesanteur), traités (c'est-à-dire lyophilisés, pasteurisés, déshydratés pour être conservés pendant toute la durée de la mission) et autant que possible, savoureux (car les sensations gustatives sont diminuées en impesanteur).

A ces contraintes correspondent six formes sous lesquelles les aliments sont consommés. Les aliments peuvent être *frais* (fruits, légumes), *séchés* (bœuf séché, fruits séchés), *nature* (noix, noisettes), *réhydratables* (purée en sachets), *thermostabilisés* (flan à la vanille, salade de thon), *irradiés* (poulet grillé, dinde fumée). Sur l'ISS, il existe un menu permanent. Il est composé de trois plats plus une collation éventuelle par jour. Avant l'envol, les nutritionnistes s'assurent que les menus fournissent au moins 2000 à 3000 calories/jour en fonction du poids, du sexe et des besoins particuliers de chacun. Les aliments sont testés au sol plusieurs mois avant le lancement. Des tests de goûts sont réalisés parfois par les membres d'équipage. Les produits portent une date de péremption collée sur chaque sachet. Les équipes au sol admettent parfois des fruits frais. Sinon, les produits sont traités à la chaleur (thermostabilisés) et certains sont irradiés, c'est-à-dire soumis à des rayons ionisants afin de détruire certains micro-organismes et mieux préserver les aliments. Sur une photo de la NASA, on voit l'astronaute

Chris Hadfield déguster une orange sanguine. Pendant son séjour, il s'est d'ailleurs offert des plats canadiens : biscuits au sirop d'érable, rillettes de canard, saumon sauvage fumé. Les membres d'équipage peuvent, en effet, demander leurs aliments préférés, ou typiques de leur culture, Japon, Chine, USA, Russie, pour les partager. On peut voir aussi Samantha Cristoforetti avec une assiette de poulet au riz entier à l'envers. Mais comme tout est collant, rien ne tombe !
Les fruits frais sont passés quand même à une solution spéciale riche en antioxydants pour les garder pendant au moins 40 jours. Les rituels de préparation sont simples :

1) Réchauffement du repas pour les plats congelés.
2) Préparation d'une boisson en la réhydratant avec de l'eau chaude ou froide.
3) Consommation du repas directement dans l'emballage. On peut boire de préférence avec une paille adaptée.
4) Récupération de tout ce qui peut s'échapper de la bouche avec une cuillère.

Certains ne mangent que des sandwiches ou des desserts. De l'eau est à disposition dans les distributeurs sur l'ISS. En raison du fait que les aliments paraissent « fades », dixit à l'ESA Thomas Pesquet et Léopold Eyharts, beaucoup éprouvent le besoin de manger très épicé. Le sel et le poivre sont liquides, comme le ketchup et la mayonnaise. Bref, fini les pâtés froids en tube et les étranges apéricubes spatiaux des débuts ! Même si tout est emballé dans des sachets en plastique ou en aluminium, il y a des maîtres cuisiniers qui soignent l'image des plats. L'astronaute canadien David Saint-Jacques a partagé sur Facebook des clichés de quelques spécialités : cocktail de crevettes, légumes à l'italienne, œuf cocotte, ratatouille, quiche, volaille, canard aux câpres, noix

de muscade, esturgeons frais… Il y a aussi toutes sortes de desserts surgelés, de produits laitiers sous vide congelés à -30 °C, bref un panel de nourriture saine, délicieuse, confectionnée avec les plus hauts standards de qualité et de sécurité. On a conçu aussi des pizzas sans fromage avec des poivrons rouges, des carottes, des champignons, des échalotes, des cacahuètes et une sauce bien relevée puisque les goûts et les odeurs changent en gravité zéro.
Actuellement plus d'un million de dollars est dépensé chaque année aux Etats-Unis pour créer les « repas sur Mars », dit Michèle Perchomok, spécialiste en technologie culinaire à la NASA. On fait des recherches pour que la nourriture puisse avoir une durée d'utilisation d'au moins cinq ans. L'Institut de recherche russe y travaille aussi. Le directeur de l'Institut a déclaré récemment : « Pour Mars, ça ne pose aucun problème ! ».

Les astronautes de l'ISS se font livrer de la nourriture à intervalles réguliers. Le véhicule de transfert de l'ESA et le vaisseau-cargo russe « Progress » viennent régulièrement ravitailler l'équipage en fruits frais, eau, repas pré-emballés. Comme ils se dépensent beaucoup pour compenser les pertes osseuses et musculaires, les astronautes ne doivent pas prendre moins de 2000 calories par jour. Ils doivent remplir un questionnaire informatique pour consigner ce qu'ils ont mangé y compris les encas entre les repas. Des experts nutritionnistes au sol leur donnent des conseils s'ils jugent qu'ils doivent modifier leur alimentation. Pour finir le repas, il y a jus d'orange, limonade ou bien thé et café. Sur une vidéo, on voit encore Chris Hadfield déguster un pudding au chocolat, et l'on découvre l'Italienne S. Cristoforetti en train de boire le premier vrai « expresso » en orbite ! On constate aussi que tous peuvent aussi se rassembler assis autour d'une table et d'un bon repas pour prendre des forces et échanger dans toutes les langues sur toutes sortes de sujets. Au cours d'un dîner, on voit derrière ces extra-terrestres un panneau amusant : « vitesse limitée à 28 000 km/h » ! Il manque, pour le gag, un participant en train, par exemple de croquer un… Mars ou un Milky Way ![28] Qui a dit que manger en impesanteur, ce n'était pas du gâteau ?

[28] Ceci n'est qu'une plaisanterie, de même que Maya Cooper, chercheuse chez Looked Martin (NASA), déclare qu'il est hélas « impossible d'inclure une vache dans l'équipage pour avoir du lait frais ». En effet, les produits vantés par la publicité ne sont pas toujours sûrs sur le plan sanitaire et nutritionnel.

Le sommeil dans l'espace

Dans un espace où le soleil se lève seize fois par jour, les astronautes s'efforcent de maintenir des rythmes terrestres pour les activités quotidiennes. Les sacs de couchage attachés à une paroi sont confortables et le sommeil peut être de qualité comme sur Terre. Même au début, lors des premiers vols, le sommeil ne semble pas avoir posé de problème quand on s'efforce de respecter les rythmes terrestres. Dès son premier voyage en 1982, Jean-Loup Chrétien témoignait : « La somnolence prend tranquillement ses droits et je me laisse aller… Je m'enfouis entre les combinaisons tenant l'une d'elles entre mes bras pour m'en faire un oreiller. Quel confort !... J'aperçois dans un demi-sommeil Sacha qui éteint les feux et je sombre d'un coup dans les rêves de ma première nuit orbitale. Je m'attendais à tout sauf à dormir sept heures d'affilée !… Encore sous le coup de cette douce nuit, je revois fugitivement le rêve qui est passé par là… »[29].

Nous savons que l'alternance entre sommeil lent et sommeil paradoxal est périodique. La durée du cycle chez l'homme est de 90 minutes. Il suffit de recréer, en le respectant, le rythme circadien « veille-sommeil » qui est de 24 heures. C'est lorsque les voyages vers Mars vont commencer que certains problèmes se poseront surtout si les liens à la base terrestre sont perturbés. En 2010 a eu lieu l'étude nommée « Mars 500 ». Une équipe de six participants fut enfermée pendant 520 jours dans un simulacre de vaisseau spatial près de Moscou. Cela correspond à un confinement d'environ un an et demi. Cette durée correspond à peu près à un vol aller-

[29] Chrétien J.-L., *Sonate au clair de Terre*, Paris, Denoël, 1993, p. 122.

retour vers Mars avec une coupure de 30 jours d'exploration sur la planète rouge. Lors de cette simulation de mission spatiale, l'équipage était en isolement total. N'ayant plus aucune référence par rapport au lever et au coucher du soleil, les participants durent programmer montres et sonneries pour se réveiller. Mais des décalages importants posèrent des problèmes à toute l'équipe. Par ailleurs, en Antarctique, on étudie, à la base Concordia notamment, l'action sur le sommeil des quatre mois sans soleil que dure l'hiver. Ces questions sont importantes, car des solutions peuvent être trouvées sur Terre pour toutes les personnes qui travaillent en décalé ou qui souffrent d'insomnie, de parasomnie, d'hypo ou d'hypersomnie bien que les conditions ne soient pas identiques.
Pourtant, d'après une étude réalisée par l'Université de Harvard sur une centaine d'astronautes qui ont fait partie d'un équipage de la navette américaine ou bien qui ont séjourné à bord de l'ISS, les choses ne sont pas aussi simples ni probantes. On a constaté au contraire de gros problèmes comme le manque de sommeil avec, en plus, la fatigue qui en découle. Les astronautes travaillent beaucoup. Ils sont soucieux et éprouvés aussi bien avant, pendant et après les missions.

Comment a-t-on évalué ce manque de sommeil ? En utilisant trois sources d'information :

1. Le recueil des impressions et témoignages des astronautes eux-mêmes.
2. Un appareil porté à la cheville, nommé « actigraphe » qui permet d'enregistrer objectivement les cycles veille-sommeil.

3. La consommation de somnifères. Celle-ci est de plus en plus importante. L'estimation de 2014 par *The Lancet Neurology* est la suivante : 78 % des membres d'équipage de la navette et 75 % des astronautes de l'ISS prennent des somnifères.

Dans le *Journal international de médecine*, le Dr Catherine Faber souligne qu'il existe « une perte significative de sommeil par comparaison avec la durée attendue et cela dans tous les groupes d'astronautes de la navette ou de l'ISS. Le déficit de sommeil existe avant le départ, pendant la mission et lors du retour. Il faut prendre au sérieux ce problème, car les troubles du sommeil et la fatigue pendant la journée exposent à des risques accrus d'erreurs humaines. Il semblerait que les lourdes responsabilités qui sont conférées à chacun(e) soient l'une des causes possibles. Il faut approfondir ces questions surtout pour les futures très longues missions spatiales. C'est urgent et vital.

Toilette et hygiène dans l'espace

« Garder une bonne hygiène dans l'espace n'est pas chose facile », déclare Anousheh Ansari[30], première femme touriste dans l'espace. Cette femme d'affaires américaine d'origine iranienne a pu s'offrir un voyage de luxe sans pour autant être dans les conditions d'un palace cinq étoiles. D'abord, en impesanteur, l'eau ne coule pas, elle flotte ! Dès lors, débrouillardise et ingéniosité sont de mise. Certains ont dit que les moyens utilisés en matière d'hygiène sont semblables à celles d'un… camping ! Sur l'ISS, chacun fait son « show » démonstratif.

1)- Brossage des dents

Sur une vidéo vous pouvez voir Chris Hadfield se brosser les dents dans l'espace. Il utilise du dentifrice normal, mais « comestible ». Il explique qu'on ne recrache généralement pas l'eau de brossage dans l'espace, on l'avale avec le dentifrice. Comme il n'y a pas d'eau courante, on utilise des petites poches d'eau et l'on se brosse les dents normalement. Retenons que chaque goutte d'eau est précieuse et qu'une grande partie est recyclée. L'eau est indispensable. Si elle manque sous forme d'eau liquide, il existe des piles à combustible combinant l'hydrogène et l'oxygène. De l'eau est toutefois apportée régulièrement en vol pour la toilette. Mais il faut être précautionneux, car l'eau colle toujours en boule à la peau sans tomber. Il faut l'étaler sur la brosse ou sur les dents. Peuvent aussi s'envoler quelques cheveux ou des morceaux d'ongles quand on se les coupe. Il existe un système

---

30 Elle a voyagé en compagnie du Russe Panel Vinogradov et de l'américain Jeff Williams. Ils ont séjourné six mois dans l'ISS.

puissant de ventilation qui absorbe ces éléments afin qu'ils n'envahissent pas l'espace de la cabine et ne portent aucun dommage aux différentes installations électroniques.

2)- Coiffure et lavage des cheveux

Aller chez le coiffeur en orbite n'est pas une mince affaire. L'impesanteur fait flotter les cheveux et les gouttes d'eau. A la façon d'un mannequin de pub télévisée, l'Américaine Karen Nyberg se passe du shampoing sec sur les cheveux puis se peigne pour répartir l'ensemble sur son crâne avec un peu d'eau chaude. On la voit sur YouTube en train de laver ses longs cheveux grâce à un système de ventilation qui les maintient en l'air comme pour un brushing. Pour l'Italienne Samantha Cristoforetti, c'est différent. Au bout de quelques mois, ses cheveux ont poussé et elle a demandé à deux co-équipiers de l'aider à se faire une beauté. Elle déclare avec humour dans sa vidéo : « D'habitude, chez mon coiffeur, cela ne prend que vingt minutes, et là, pour me couper les cheveux, mes collègues ont mis… deux heures et demie ! Voyez-vous, ces hommes ont affronté des missions difficiles, des épreuves terribles, des combats dangereux, mais là, ils n'ont rien connu d'aussi terrible que de… me couper les cheveux ! » Une opération simple sur Terre devient extrêmement délicate en gravité zéro.

3)- Hygiène du corps

« La douche qui fonctionne en l'absence de gravité n'a pas encore été inventée », déclarait plaisamment Madame Brandi Dean, porte-parole de la NASA. Il n'y a pas d'eau courante sur l'ISS et il n'y en aura pas non plus sur Orion. Il y a des petites poches contenant de l'eau, d'autres du savon. Le tout est appliqué sur la peau avec précaution pour ne pas que ces éléments s'envolent. On frictionne ensuite la peau pour se laver et on s'essuie avec une serviette adaptée. « Cela donne une agréable sensation de propreté », explique Samantha Cristoforetti. Il existe aussi des lingettes jetables (comme celles qu'utilisent les randonneurs en trek) pour les fois où l'on n'a pas trop le temps et que l'on désire aller plus vite. Il y a, bien sûr aussi du déodorant, de l'après-rasage pour les hommes et du parfum si l'on veut.

4)- Les WC

La question des WC intrigue beaucoup les enfants en général. Elle fait aussi rire les adultes. Pour ce que les Américains nomment « number one » (c'est-à-dire pipi), il s'agit de parvenir à uriner dans un petit tuyau conçu pour purifier et recycler l'élément liquide. « Il faut bien viser », déclare l'Américaine Sunita Williams en riant. Dans la « salle du trône » dit-elle, il faut s'attacher avec une ceinture de sécurité pour ne pas s'envoler ! Pour « number two », sachez que les toilettes fonctionnent avec une sorte d'aspirateur à air et non une chasse d'eau. On s'essuie avec du papier ou une lingette. Rien n'est jamais éjecté directement dans le vide spatial évidemment. En revanche, les matières solides sont stockées dans un container « Progress » ou « ATV » pour être ensuite brûlées dans l'atmosphère. Certains déchets solides sont exposés au vide pour tuer les bactéries et autres agents pathogènes et éviter les odeurs. Plus encore que sur Terre, il faut s'assurer, quand on va aux toilettes, plaisante encore Sunita Williams que « tout part dans la bonne direction ».

Lors des tout premiers vols, les choses étaient moins simples et l'on se souvient de l'échange entre les astronautes d'Apollo 10, Stafford, Young et Cernan : « Qu'est-ce que c'est ça ?

-Quoi ça ?
- 'Y a un truc qui flotte autour de nous dit Stafford.
-Oui », fait Cernan. C'est un étron qui dérive !
-C'est pas moi ! dit Young.
- Le mien était plus compact que ça ! remarque Stafford hilare.
Et Cernan :- Je ne sais pas à qui ça appartient. Je ne peux ni affirmer que ça m'appartient, ni décliner toute responsabilité ! ».
A cette époque, en guise de WC, les astronautes n'avaient que des sacs en plastique.
Ils furent contraints d'utiliser des germicides pour assurer l'asepsie de la cabine. « Sur Orion, assure Brandi Dean, ils auront des toilettes. Car sinon, pour un voyage très long, ça risque d'être plutôt pénible ».
Notons, en effet, que Orion est une capsule de seulement 5 m de diamètre habitable pour quatre personnes. Orion doit permettre de retourner sur la Lune et aussi d'atteindre Mars à l'horizon 2030. Un vol habité est prévu pour 2024. Mais la NASA assure qu'elle mettra un module additionnel à la capsule Orion pour rendre plus supportable la situation de confinement et assurer sécurité, hygiène et asepsie totale. D'énormes progrès ont été réalisés depuis les débuts. Souvenons-nous que le volume d'une Gemini américaine pour deux personnes était celui d'une cabine téléphonique. Plus que jamais, dans Orion aussi : claustrophobes s'abstenir !

Sport et condition physique

Partir dans l'espace, c'est fricoter avec l'inconnu d'une nature sans précédent. Déjà, quand vous prenez un A380 Paris-New-York particulièrement confortable, vos jambes gonflent en raison de l'altitude (12 km environ) et de la dépressurisation et si vous avez ôté vos chaussures, vous constatez, à l'arrivée, que vous avez du mal à les remettre. Pour des voyages de dix ou douze heures, il est bon, pour atténuer le phénomène, de porter des bas de contention pendant la durée du voyage. Lors d'un séjour en orbite, le système veineux et cardio-vasculaire, je l'ai dit plus haut, est soumis à de bien terribles épreuves. La plupart des astronautes ressentent un malaise allant de la nausée au vertige agrémenté d'une certaine fatigue et mieux vaut savoir et comprendre exactement ce qui se passe à 450 km de la Terre. Ce « mal de l'espace » conduit certains membres d'équipage à avoir pendant quelques jours, une « face de Lune » qui s'estompe ensuite quand le corps et l'esprit s'adaptent à l'impesanteur. La préparation au vol, je l'ai dit en début d'ouvrage, nécessite la pratique de différents sports, de l'athlétisme à la musculation, de la course de fond au parachutisme, de la natation à divers exercices de survie pour déjouer l'impact de l'impesanteur sur l'ossature, les muscles et le système cardio-vasculaire. Une bonne forme psychophysiologique au départ est une condition *sine qua non* pour s'aventurer dans l'espace.

Mais une fois là-haut, il faut continuer de plus belle. Deux heures de sport par jour sont un minimum exigé pour chaque membre d'équipage. Thomas Pesquet a déclaré à son retour de la mission Proxima qu'il avait peiné sous cette contrainte nécessaire surtout vers la fin quand il approchait des 196 heures de training et on le comprend ! Le phénomène physique contre lequel il faut lutter est toutefois facile à comprendre. Sur Terre, le sang afflue dans la partie inférieure des jambes à cause de la pesanteur. Nos réflexes nerveux et hormonaux atténuent normalement cet afflux de sang pour maintenir dans tout le corps une pression artérielle adéquate et assurer l'irrigation de notre cerveau. Mais l'exposition prolongée en impesanteur crée le phénomène inverse. L'astronaute qui arrive en orbite (ou qui s'apprête à voyager dans l'espace intersidéral) ressent immédiatement un afflux de sang en direction de la tête. On a montré que, en l'absence d'activité sportive, le volume des jambes diminuait de 9 % après deux jours et de 3 % de plus après six jours ! Heureusement, l'organisme humain est une merveille et les jambes retrouvent leur volume normal dans les heures qui suivent l'atterrissage. Même hors de toute absence de gravité, vos jambes sont lourdes après douze heures de voyage en avion (que vous soyez en business ou pas ne change rien). Elles retrouvent leur volume et leur mobilité normale quand vous avez atterri. Quant à Thomas Pesquet, je l'ai dit au début, il avait du mal à tenir sa tête juste après son retour de mission : après 6 mois d'impesanteur, les muscles de son cou n'étaient plus habitués à tenir sa tête et il fut en proie à de petites maladresses, ses doigts n'étant plus habitués à tenir fermement un objet pesant.

Quelques centres de recherches essaient de créer des vêtements anti-gravité expérimentaux. Certains ressemblent à de petites poches gonflables situées au niveau des jambes et de l'abdomen afin de réguler le débit sanguin. Le principe est identique à celui des « bas de contention » destinés à éviter les

phlébites sur le plancher des vaches. Vous devez donc impérativement avoir une activité physique régulière de deux heures par jour aussi pour éviter une perte majeure de la densité osseuse de tout le squelette. Une décalcification peut induire une fragilité osseuse importante. Il faut donc vraiment s'astreindre à un programme d'exercices divers et rigoureux.
Mais attention ! Malgré cela, les astronautes perdent en moyenne 1 % de leur densité osseuse par mois ! Faites le calcul pour ceux qui partiront vers 2030 pour un voyage d'au moins trois ans dans l'espace ! Rappelons que sur Terre, une personne âgée perd la même quantité de densité osseuse, non en un mois, mais en un an ! En fait, les conséquences physiques d'un séjour prolongé en impesanteur sont semblables à l'ostéoporose. Ce qui est réconfortant en revanche, c'est que le phénomène est réversible. Psychologiquement, c'est important de le savoir. La densité osseuse redevient normale graduellement après un retour sur Terre. Ou ailleurs, car nous savons qu'il existe un peu de gravité sur Mars.
Autre nouvelle plutôt plaisante : faire deux heures de sport par jour permet aux astronautes de l'ISS de revenir parfois sur Terre avec une plus grande masse musculaire qu'à leur départ ! Quant au déplacement de tous les fluides du corps lors d'un vol spatial, sachez qu'au retour sur Terre, le phénomène disparaît et tout redevient à la longue comme avant. L'inconvénient majeur de « l'intolérance orthostatique » en vol est qu'une fatigue excessive peut rendre problématique une sortie extravéhiculaire ou même créer des difficultés pour réaliser par exemple une manœuvre d'urgence. Le sport est, certes, un moyen de lutter contre les effets indésirables de l'impesanteur sur le corps humain, mais aussi, nous le savons, un élément essentiel pour avoir le moral et être

psychologiquement au mieux de sa forme pour affronter toutes sortes de situations conflictuelles possibles. Parfois, on peut ressentir de l'agacement ou de la colère expliquait Thomas Pesquet lors de sa conférence du 23 juin 2017 à l'ESA au Bourget. Il faut alors se concentrer en soi-même, a-t-il dit et analyser profondément la situation en prenant son temps pour savoir si le problème vient vraiment de l'autre ou bien de soi et d'une intolérance personnelle à une situation de frustration. La pratique du sport apporte beaucoup, mais l'analyse psychologique honnête et profonde est tout aussi essentielle pour déjouer la mauvaise foi hélas si fréquente chez les névrosés d'ici-bas. Pesquet n'est pas seulement un astronaute : c'est un psychologue exemplaire comme on aimerait en voir très souvent. Sachez, pour en revenir à des considérations plus mécaniques, que dans l'ISS, les appareils d'exercices ont été modifiés. Ils sont conçus pour simuler la force que la gravité exerçait sur le corps. Là aussi Pesquet explique qu'il devait supporter une pression mécanique artificielle égale à son poids (85 kg) et que cela donnait l'impression de courir sur le tapis roulant avec un sac pesant 80 kg environ, ce qui est très éprouvant pendant deux heures par jour convenons-en ! L'objectif sur l'ISS est de solliciter les grands groupes musculaires et non de faire de la « gonflette ». Il existe une machine composée de cylindres sous vide exerçant une résistance importante sur une barre ou un câble comparable à celle qu'exercerait sur Terre des poids et haltères. Il faut évidemment s'attacher et se tenir fermement quand on réalise une centaine de flexions des jambes, tout en soulevant des poids et en respirant normalement. Le tapis roulant est bien adapté pour stimuler le système cardio-vasculaire, musculaire et squelettique. Un harnais est donc là pour appliquer une tension aux épaules et aux hanches en fonction du poids de la personne. Pendant sa mission de six mois à bord de l'ISS, Robert Thirsk, astronaute canadien, a couru en compagnie virtuelle de son fils sur le tapis roulant. Une vidéo retransmettait une séance de course à pied filmée. Le père se connectait aux séquences du fils sur l'écran du tapis roulant ! Tous deux étaient heureux et l'illusion d'être ensemble était parfaite. Il y a aussi (mais je ne vais pas tout décrire ici…) le fameux vélo-stationnaire que certaines personnes ont chez elles pour se maintenir en forme. Il possède un harnais dorsal et des pédales qu'il faut brider pour rester en équilibre. Ensuite, il ne reste plus qu'à pédaler !

Retenons que sur le plan psychologique, le sport a aussi pour but de maintenir le bien-être de chacun, physique, mental et social et non pas seulement de se prémunir contre des maladies ou des dangers mortels. Pour le reste, il faut être philosophe. Car, le drame avec la vie en général, c'est qu'on n'en sort pas vivant. Relisons donc les Stoïciens !

La sexualité dans l'espace

Dans les premières années de la conquête spatiale, la question de la sexualité ne se posait pas : la durée des missions était courte, les vaisseaux étaient étroits et sans confort. C'est sur Terre que Youri Gagarine se fit furieusement courser par sa femme lors de quelques écarts amoureux au point, un jour, de sauter par la fenêtre du premier étage pour lui échapper et de se blesser sérieusement au front dans sa chute. C'est aussi sur Terre que l'astronaute Lisa Nowak, saute dans sa voiture avec une couche-culotte pour n'avoir pas à s'arrêter pendant un trajet de six heures et agresse en arrivant à l'aéroport d'Orlando une femme officier de l'US Air Force qu'elle soupçonne d'avoir une liaison avec William Oefelein avec qui elle est partie en mission dans l'espace et dont elle est éprise. En pleine crise de jalousie, elle est arrêtée par la police le 5 février 2007. La NASA l'exclut des plannings de vols et la licencie le 8 mars 2007. Son conjoint, William Oefelein, sera licencié aussi. Si la jalousie sentimentale et sexuelle joue un rôle important sur Terre, pourquoi le problème serait-il totalement exclu en mission ? Il semble que le sujet, sans être tabou, soit quand même particulièrement sensible. Quand on demanda en 1982 à Svetlana Savitskaya si elle avait eu des relations sexuelles avec l'un des deux compagnons de missions que furent Leonid Popov et Alexander Serebrov, celle-ci s'énerva vivement d'une part, car le bruit circulait que ses supérieurs lui en avaient donné l'ordre (!), cela soi-disant pour faire le « premier bébé de l'espace », mais d'autre part parce qu'elle était tout simplement mariée à l'époque avec un pilote d'essai, dont elle eut ensuite deux filles nées bien après son vol. Un seul couple marié, Jan Davis et Mark Lee, fut envoyé en mission orbitale par les Américains. Ils affirmèrent, quand on leur posa la question, qu'ils avaient eu énormément de travail et n'avaient eu ni le temps ni l'envie de faire l'amour, l'un dormant pendant que l'autre travaillait. Quand on sait la quantité d'expériences scientifiques à réaliser dans l'espace, le nombre d'instruments à contrôler, la masse d'informations à fournir, les paramètres à vérifier, les contacts à maintenir avec le sol, on peut les croire. Et quand bien même auraient-ils eu des rapports sexuels, c'est leur vie privée, ça les regarde.

Il y a d'ailleurs eu depuis une aventure très romantique : le mariage dans l'espace, le 10 août 2003, entre le commandant de la Station Spatiale Internationale, Youri Malenchenko et l'Américaine d'origine russe Ekaterina Dmitriev ! Au Texas, une loi autorise une personne à se marier même si elle est dans un autre Etat. Cela fut fait. Hélas, les tensions entre les USA et la Russie sont parfois encore vives. Ni les Russes, ni la NASA ne furent heureux de ce mariage, au point que les deux tourtereaux durent se remarier quand ils revinrent à Moscou, le mariage n'ayant pas été considéré comme valide. De fait, la plupart des sources fiables s'accordent pour dire que les agences spatiales, NASA, ESA, et les agences russes font en sorte que peu d'informations circulent sur la sexualité dans l'espace.

On peut le comprendre : les médias et les réseaux sociaux avides de cancans et de rumeurs se feraient une joie de faire des « scoop », quitte à transformer, pour vendre et faire de l'audience (c'est-à-dire de l'argent) n'importe quel vaisseau spatial en véritable « Loft » avec *gossip trash* assuré !

Beaucoup de ceux qui critiquent le « puritanisme » des agences sur ce sujet ne savent souvent pas grand-chose de ce qu'est la sublimation et c'est dommage. Ceux-là regrettent qu'il n'y ait pas partout des caméras façon télé-réalité. Il semble pourtant y en avoir assez comme cela dans l'aircraft !

Certains semblent d'ailleurs envisager des vols spécifiquement sexuels, la société Virgin Atlantic par exemple. Cette information provient d'un site du Kinsey Avantage et la société privée américaine Rocket Plane Global vous propose des « voyages dans l'espace » destinés à vous envoyer au septième ciel ! Des sociétés chinoises se lanceraient dans l'organisation de mariages dans l'espace pour la modique somme de 2,3 millions de dollars (240 millions de yens), nuit de noces torride incluse dans l'espace ! Actuellement seuls les jeunes fortunés peuvent s'offrir un tel voyage inoubliable. Ils n'ont pas intérêt à divorcer après !

Cela dit, s'envoyer en l'air n'est pas à la portée de n'importe qui ! Sur le plan pratique, Laura Woodmansee dans *Sexe in space* a justifié l'usage de ceintures élastiques pour maintenir ensemble assez serrés deux protagonistes et des longes pour les maintenir suffisamment longtemps ensemble. En fait, à ce jour, on ignore en matière de plaisir ce que l'impesanteur procure en plus ou en moins. On ne sait rien de ce qui a été jusqu'alors déjà fait. Et le Kama Soutra de l'espace reste à écrire !

Plus sérieusement, les jeux de séduction et les questions de sexualité risquent de se poser réellement un jour. Dans l'optique de missions longues comme la conquête de Mars, la question des liens intimes et des besoins sexuels ainsi que des désirs, des jalousies, des rivalités a des chances de se poser. La sexualité humaine et son cortège de sentiments, d'envie, d'intrigues, de passions s'exprimeront nécessairement dans une mission durant plusieurs années. Je ne vois pas comment on pourrait interdire tout désir sexuel pendant une mission de trois ans minimum sur Mars ou plus tard vers une autre planète. La sexualité à laquelle se mêlent si souvent des problèmes de jalousie, de méfiance, d'intrigue, de ressentiment, pourrait avoir un impact opérationnel grave lors de missions de longues durées.

L'ISS offre un enfermement relativement confortable pendant six mois, mais il est peu probable que ce soit un lieu d'épanouissement sexuel. A propos du livre sulfureux de Pierre Kohler, qui a fait scandale dans les années 2000, on peut regretter que l'ex-astronaute français ait (malgré lui ?) fait référence à une documentation erronée ou frauduleuse dont les médias s'emparèrent immédiatement, notamment le fameux chapitre « Cosmic love » qui permit, certes, de multiplier les ventes de son bouquin, mais non d'établir une vérité quelconque en la matière. Sur le Net, des allusions suggèrent des choses sans jamais les démontrer. Ainsi voyait-on, en 1990, Elena Kondakova et Valery Poliakov se tenant la main dans la station MIR. Un an plus tard (1991), c'est la Britannique Helen Sharman, 28 ans, qui est soupçonnée, parce qu'elle porte une nuisette jugée aguichante et dit avoir vécu une « expérience fantastique », d'avoir eu des liens érotiques avec deux cosmonautes russes, Sergueï Krikalev et Anatoli Artsebarsky. Dans ce concert d'âneries où certains aimeraient peut-être que la réalité se mêle au fantasme, il y a aussi un délirant qui affirme avoir été enlevé par une extra-terrestre en manque voulant goulûment abuser de lui, et un témoin bidon qui, cherchant à nous rassurer, s'exclame : « dans l'espace, personne ne vous entendra jouir ! »

Aux obsédés du Kama Soutra spatial, il faut rappeler que la sexualité humaine n'est ni naturelle, ni stéréotypée ni même déterminée par les seuls organes de reproduction. Elle est socioculturelle, souple, malléable et sujette à la sublimation. Le mot « sexe » se rapporte à la *nature*. Le mot « sexualité » se rapporte à des représentations issues de notre *culture*. S'associent à des fantasmes individuels, des pulsions sexuelles qui sont « écrantées » par des forces ontogénétiques et phylogénétiques[31], lesquelles, comme je l'ai montré dans *Le Dur métier de psychologue*, relèvent de la famille, de l'éducation, de la société, des religions, de la culture.

Cet aspect culturel des choses limite l'intérêt que peuvent apporter les pures considérations mécaniques et physiologiques concernant les performances sexuelles ou les échecs dans ce domaine qui doit pouvoir rester privé. On remarquera, en outre, qu'aucune référence n'est faite au plaisir solitaire dans l'espace. Des médecins, lors des missions Skylab, auraient, paraît-il, conseillé aux équipages de « se soulager » régulièrement afin d'éviter une infection de la prostate pouvant entraîner des complications urinaires. Cette masturbation hygiénique et préventive serait présentée comme une solution possible, chez l'homme quand le manque se fait sentir.

Du peu d'informations qui est en droit de s'en plaindre ? Vous en parlez, vous, en famille, à des amis, à des collègues ou aux médias, de vos éventuelles pratiques masturbatoires, de vos étreintes amoureuses ou de vos secrètes relations extra-conjugales ? Laissons donc les astronautes s'arranger avec leurs désirs et leur sexualité, qu'elle soit hétéro, homo ou auto-érotique. Il a été dit que la circulation du sang était plus difficile dans les extrémités et qu'en gravité zéro cela pouvait diminuer la qualité des érections ! No comment ! Il a aussi été

---

[31] Lorin C., *Le Dur métier de psychologue*, Paris, L'Harmattan, 2014, p. 175 à 193.

rapporté par des chercheurs italiens que le taux de testostérone serait diminué et que cela altérerait la libido. Les problèmes physiologiques et biologiques ne doivent, certes, pas être sous-estimés. En particulier procréer dans l'espace n'a rien d'urgent sauf peut-être pour la nation qui se targuerait d'avoir réalisé cet « exploit ». Mais serait-ce vraiment un exploit ? Tenir compte des radiations solaires et cosmiques dangereuses pour la gestation est une évidence. Les Russes et la NASA ont mené des expériences de reproduction dans l'espace chez des petits mammifères. Il semblerait, par ailleurs, que les rayons cosmiques réduisent la concentration de spermatozoïdes chez l'homme et peuvent stériliser un ovule fécondé. En outre, si un fœtus atteignait son terme, son ADN pourrait subir des mutations, rendant la femme stérile précise le *Journal of Cosmology*. Mais la procréation, si elle est intéressante, ne doit pas être confondue avec l'érotisme.
La sexualité humaine, en situation de frustration volontaire, prend effet de zones sensorielles exogènes et de zones sensorielles endogènes. Les études sur le confinement terrestre en espace réduit sont peu nombreuses, mais intéressantes.

1) Les stations polaires d'Antarctique apportent hélas peu d'éléments pertinents concernant l'espace. Après 6 mois de « long-term isolation », 200 chercheurs des régions polaires ont eu sur Terre, une sexualité normale sur la « polar base ». On a délivré 16 000 condoms (!) afin que le climat de travail reste supportable entre les membres, et qu'on évite qu'il puisse devenir explosif. On a remarqué ceci : plus le nombre de femmes est important dans ces situations de confinement sans soleil, plus le climat psychologique est bon. La mixité serait donc souhaitable.

2) L'expérience Mars 500, sur Terre, elle aussi est biaisée. D'abord, aucune femme n'a été choisie pour réaliser cette expérience de 520 jours sans communication avec l'extérieur. Cela pour étudier les comportements humains pendant un an et demi et plus. Pourquoi cette expérience est-elle biaisée ? Parce que dans l'espace ceux qui partiront pour Mars resteront confinés. Dans l'expérience Mars 500, en cas de problème, il suffisait à celui qui ne supportait plus une si longue claustration… d'ouvrir la porte ! Certes, personne ne l'a fait. Mais attendons les résultats définitifs de cette expérience en matière de vie relationnelle sentimentale et sexuelle.

Le Dr Valery Bogomolov, directeur de l'Institut Russe des Sciences Médicales Spatiales est assez en accord avec la NASA que l'on qualifie à tort de puritaniste. « Aucune expérience à des fins sexuelles n'a été menée dans nos vaisseaux et rien ne relate qu'il y ait eu des rapports sexuels au sein de nos équipages. Certes, les cosmonautes sont des êtres humains comme les autres, mais la question sexuelle ne constitue pas un enjeu pour la médecine spatiale russe ».
Quant à la NASA, elle recrute pour Mars, des astronautes mariés, garant de stabilité relationnelle dans l'équipe prévue pour supporter de longs voyages. Un équipage mixte est donc souhaitable. Nul besoin d'inhibiteur de la libido. Même si la promiscuité limite l'intimité des personnes, une vie affective et sentimentale restera heureusement toujours possible. N'est-ce pas là l'essentiel chez l'être humain ?

Sociabilité, Fraternité

Parmi les critères psychologiques exigés pour devenir astronaute, la sociabilité figure au premier plan. La fraternité souvent vient de surcroît. Tous les candidats doivent avoir la capacité de travailler et de vivre en bonne entente dans un espace confiné et cela suppose d'avoir un capital social important. Il est essentiel d'être à même de communiquer sans problème, en anglais, en russe (en chinois et en japonais de plus en plus), de respecter l'intimité de chacun et d'être capable de se soucier des autres spontanément, volontairement et sans attente d'une quelconque contrepartie. Apporter son soutien, aider, réconforter si nécessaire, améliorer le bien-être de tous et, bien sûr, intervenir en situation d'urgence sont une priorité. Doivent dominer chez tous le don, la coopération, l'échange, le partage et si possible, quand on se connaît mieux, la sympathie, l'empathie, l'amitié. Ainsi s'élabore un sentiment positif et profond d'appartenance au groupe des astronautes en formation. Cet aspect de la sélection, qui est une condition *sine qua non* est en apparence loin d'être évident chez des sujets dont la personnalité, en raison de l'intense compétition, est nécessairement puissante, combative, individualiste, et dont l'affirmation de soi semble éloignée d'une quelconque philanthropie.

Par ailleurs, normalement nous sommes plus enclins à aider nos proches, notre famille, nos amis que des inconnus. Or ici, il faut être aussi bien capable d'aider des inconnus que ceux qui nous sont familiers. Alors on comprendra aisément que dans l'espace confiné d'un vaisseau spatial des valeurs de sociabilité collective s'imposent.

1. Sur le plan cognitif, tous les domaines scientifiques de pointe sont acquis, partagés, discutés avec respect et cordialité. Domine alors la reconnaissance des savoirs et des habiletés technologiques acquises. Chacun possède des compétences différentes, mais reconnues et précieuses. Chacun a intérêt à reconnaître les mérites et les aptitudes des autres à réaliser des tâches spécifiques et un certain « contractualisme » intellectuel, scientifique et technique fait partie des motivations ainsi que des échanges humains nécessaires à la survie de tous dans un milieu qui reste hostile au vivant.

2. Sur le plan moral, ce sont des règles éthiques qui, dans l'espace, régissent les échanges basés sur le respect de chacun. Cela quelles que soient les divergences de pensées, de croyances, d'opinions politiques, idéologiques et culturelles marquées historiquement entre les Américains, les Russes, les Japonais et les Chinois pour ne citer qu'eux. Nul ne doit comme dans la nature, obéir à la loi du plus fort. L'Etat de droit et ses institutions permettent d'évincer les égoïstes, les grincheux, les arrivistes et les misanthropes qui ne voudraient pas œuvrer pour la recherche et le bien scientifique commun.

3. Sur le plan émotionnel, un authentique plaisir d'œuvrer ensemble doit pouvoir s'instaurer. La sympathie qui en découle permet d'aider quiconque spontanément et d'une façon désintéressée. Un sentiment d'empathie se manifeste face à d'éventuels « coups de blues » voire à quelque tristesse impromptue. Un astronaute, lors d'un vol, apprit le décès d'un membre de sa famille. Ses collègues furent spontanément proches de lui dans cette situation douloureuse qui l'affecta en pleine mission. Ce comportement réconfortant lui fit chaud au cœur. Aider un compagnon n'est ni un devoir programmé

ni un précepte abstrait : c'est le fondement même de la fraternité humaine.

Des facteurs culturels interviennent aussi dans l'entraide permanente des protagonistes entre eux. Des coutumes, des croyances, des traditions qui ont valeur de partage. On a tenté d'opposer la tradition américaine prônant l'individualisme et le consumérisme à celle des Russes de l'ancienne URSS communiste qui repose sur le collectivisme des moyens de production. Une telle opposition aujourd'hui n'a plus lieu d'être même si régulièrement les médias en font leurs choux gras.

D'abord, il est faux que les Russes actuellement découragent les comportements individuels intéressés, loin s'en faut. Ensuite c'est une erreur de croire que les Américains sont foncièrement intéressés, égoïstes et inadaptés à la vie collective. Certes, il n'est pas question de nier l'existence d'une féroce compétitivité entre candidats lors des sélections. Mais cette tension n'est pas idéologique et, dans l'espace, c'est toujours une coopération fraternelle qui prévaut par-delà les préjugés idéologiques ou politiques.

Le groupe d'appartenance vient cimenter les relations entre tous. « J'étais totalement intégré à la famille de la Cité des Etoiles, note Jean-Loup Chrétien, et nous étions tous conscients de l'essentialité de ce grand esprit de communauté et de partage ». Il évoque une « extraordinaire fraternité » tout au long de son livre[32]. « Je sais combien grand est le cœur de mes compagnons. Ici, tout est simple, les gens, les relations, l'amitié : c'est ma famille d'adoption ». Il note à propos de son collègue Youri : « Sa famille est notre famille ». Plus tard, à

---

[32] Chrétien J.-L., *op. cit.* p. 91, 92, 94 et 146-147.

propos de Vladimir Djanibekov, dit Volodia, il confie : « Volodia s'intégra très facilement dans notre équipe… Sa famille fut notre famille d'accueil et Lilia, sa charmante épouse, préparait un excellent *plov*, le plat national ouzbèk ». Cette amitié est teintée d'admiration : « Les yeux de Volodia exprimaient toujours une profonde ouverture et une grande volonté de communication. Il était doté d'un caractère facile et d'une stabilité à toute épreuve. Artiste à ses heures, passionné de peinture, il dessinait ou peignait sans relâche des fresques mythiques dédiées à la conquête de l'espace ». Entre aussi en ligne de compte la confiance. « J'avais une totale confiance en mes deux partenaires ». Confiance, amitié, admiration ne correspondent à aucune norme sociale apprise. Les émotions douces (*tender emotions* selon le psychologue Mc Dougall) sont souvent issues en famille du comportement parental et n'ont rien à voir avec l'apprentissage socio-éducatif. Souvenons-nous que pour Rousseau la nature de l'Homme est bonne et pour Hobbes, elle est foncièrement mauvaise. Les astronautes n'opposent pas le *Contrat social* au *Léviathan,* car pour chacun la nature humaine n'est *a priori* ni bonne ni mauvaise. Elle est bonne si l'on veut qu'elle le soit. Mauvaise, n'est pas une option. Avoir des relations amicales motivées en est une. Certes, chacun s'attend à ce que ces bonnes relations soient réciproques. Mais dans tous les cas, c'est en fait la personnalité profonde qui détermine la qualité des liens plutôt que l'éducation ou l'institution. Un vif attachement s'exprime parfois. « “Vous verrez le temps passera vite au point que vous regretterez d'arriver si vite à la fin, déclare le commandant de la Cité des Etoiles. Une fois rentrés chez vous, vous éprouverez une telle nostalgie que vous n'aurez de cesse de vouloir revenir ici". A l'époque, dit J.-L. Chrétien, nous n'avions pas voulu le croire »[33].

Autre élément : la bonne humeur. Elle est essentielle. La gaieté de Gagarine est aussi légendaire que son sourire. Celle de Thomas Pesquet est en passe de le devenir. Quand on est de bonne humeur, on porte plus attention aux autres, on est plus disposé à comprendre, aider, expliquer. Et quand on a un but commun scientifique, les problèmes idéologiques s'estompent. C'est ainsi que la NASA encourage toutes les formes de sociabilité alors que le système économique de la société américaine prône le succès individuel. Les guerres économiques, stratégiques, politiques, idéologiques existent toujours entre les grandes puissances, mais sont abrasées quand il s'agit de travailler ensemble dans l'intérêt de tous : « Un petit pas pour l'homme, un grand pas pour l'humanité » est la formule géniale qui résume cela. Pour avoir souvent rencontré des collègues universitaires américains, je puis affirmer que l'accueil chaleureux, l'amabilité, la courtoisie, la gentillesse et la serviabilité sont toujours de mise. Je puis dire exactement la même chose de mes hôtes universitaires russes à Moscou, Saint-Pétersbourg ou Irkoutsk.
Wendy Lawrence me dit lors de notre entrevue : « Mon expérience la plus significative fut de travailler avec les Russes… Travailler aux côtés de gens que l'on a combattus si longtemps et qui sont maintenant des amis, je trouve cela remarquable ! Une fois qu'on a dépassé les stéréotypes qui avaient cours pendant la Guerre froide, c'est formidable de connaître les Russes individuellement. Ce sont des personnes chaleureuses, attentionnées et pour tout dire merveilleuses.

---

33 Chrétien J.-L., *op. cit.* p. 73.

Certains vous donneraient tout ce qu'ils ont, même s'ils ont peu ».
Pour avoir battu l'Allemagne nazie, Américains et Russes furent des alliés. Puis, pendant la Guerre Froide, ils devinrent adversaires. Mais la compétition spatiale accorda heureusement une importance primordiale aux projets pacifiques se défiant de tout affrontement militaire entre les deux nations. Pourtant, sur un plan idéologique et politique, les Russes n'eurent jamais bonne presse aux yeux des Américains et inversement. Actuellement encore les critiques sont acerbes. Aux Etats-Unis, des journalistes véhéments attisent la haine de ceux que l'on croit à tort être encore des « Rouges ». Même l'actuel président, Donald Trump fut suspecté de complicité avec les Russes avant et même après son élection dans le but de tenter de le démettre de ses fonctions.

Les médias en France ne sont pas en reste. Les journalistes du Figaro n'ont pas hésité à envenimer les relations en titrant, il y a peu : « La menace de Moscou contre les astronautes américains de l'ISS »[34]. La réponse, en fait, aux menaces américaines qui mêlent les efforts scientifiques à la crise en Ukraine ne s'est pas fait attendre. Le vice-premier ministre russe Dmitri Rogozine a rétorqué avec humour que si les menaces perduraient « les Américains n'auraient qu'à envoyer leurs astronautes sur l'ISS avec… un trampoline ! ». Fort heureusement, les astronautes, de par leur expérience, sont au-dessus de ces joutes et de ces inimitiés journalistiques stupides. Wendy Lawrence poursuit : « Beaucoup de Russes

[34] Le Figaro du 24 avril 2014. Dans le Figaro du 3 février 2017, les astronautes russes qui ont accompagné Thomas Pesquet ne sont même pas nommés ! Quelle élégance!

travaillaient à nos côtés dans un petit bureau de la NASA à Star City en Russie où se trouvaient des équipements de formation. Nous allions dans les maisons des uns et des autres, nous partagions nos repas, nos moments de détente et c'était vraiment une expérience très intéressante ! On se rendait compte que nous avions tous ensemble beaucoup de points communs. Beaucoup à partager et à donner. Et aussi beaucoup à apprendre les uns des autres ». L'Américain Ron Garan qui a réalisé deux missions spatiales avec les Russes déclarait récemment : « Nous étions comme une seule famille voyageant à travers l'espace à bord du vaisseau Terre ». Nos pionniers ont souffert de violentes critiques qu'il ne faut pas perpétuer. « Nous nous sentions mal à l'aise avec les ressortissants de diverses ambassades, correspondants de presse ou représentants de firmes diverses qui se montraient intransigeants et prononçaient des jugements sans appel sur les Russes », précise J.-L. Chrétien avant d'ajouter : « Nous avons bien essayé de tempérer leurs propos excessifs, démontrant qu'ils ne s'appliquent pas aux Russes avec lesquels nous vivions, mais ce fut peine perdue… Notre position délicate de militaires nous valut le soupçon d'avoir été phagocytés par le KGB ».

Les médias systématiquement antirusses feraient bien de prendre en compte les témoignages honnêtes et courageux d'astronautes américains comme Al Worden qui témoigne de l'espionnage américain connu de tous dans son best-seller *Falling to Earth*[35] : « Les engins U2 furent initialement utilisés comme appareils-espions pour survoler l'Union soviétique ».

---

35 Worden A., *Falling to Earth*, 2012, Smithsonian books, p. 260.

En 1992 je signais un contrat important entre le Laboratoire de Psychologie Appliquée de Reims (LPA) dont j'étais le directeur, avec le Centre MIR de la Recherche Aérospatiale de Moscou, sur le thème « Evaluation des capacités à faire face chez les spationautes par passation de batteries de tests psychologiques ». Ce contrat de collaboration scientifique était clair et pourtant je fus l'objet de critiques virulentes et de suspicion. Où sont la confiance et l'amitié possibles quand, après mes conférences à Moscou, la simple reconnaissance officielle du Doyen de l'université Lomonossov me valut l'hostilité et l'ostracisme de quelques collègues de ma propre université ?

Claude Lorin à l'université de Moscou

Patrick Baudry connut pire. Il s'attira les foudres pour avoir confié ses préférences : « Je me suis aperçu, écrit-il, que j'avais énormément appris avec les Soviétiques, mais bien peu avec

les Américains »[36]. Sa franchise est à la mesure des doutes planant sur sa personne. Il ajoute : « Le quartier général de la NASA était favorable à la venue d'un spationaute français à bord d'une navette. Mais il n'en était pas de même pour les autorités de Houston qui voyaient d'un mauvais œil un non-Américain, surtout un Français, qui venait de surcroît de passer deux années à s'entraîner avec les Soviétiques (nous étions encore en pleine Guerre Froide) prendre une place à bord de la navette »[37]. Retenons que les tensions idéologiques existent toujours et sont souvent relayées par une presse insidieuse ou hargneuse, et cela nuit aux relations d'amitié et de fraternité possibles.
Heureusement dans l'espace, les normes altruistes sont de mise. Les liens d'échanges sont amicaux et les idées politiques ont moins d'importance que les idées scientifiques partagées. Lors de son premier voyage, Jean-Loup Chrétien témoigne encore : « Bien au-delà de la gratitude traditionnelle, je voulais par ces quelques mots remercier mes amis russes de l'extraordinaire aventure dont ils m'avaient fait cadeau :

-« Je pars ému et triste en laissant derrière moi ceux avec qui j'ai vécu dans l'affection partagée des membres d'une même famille. Je reviendrai avec une grande joie et je laisse la moitié de mon cœur à la Cité des Etoiles »[38]. C'est ce qu'il fit à l'occasion d'un autre voyage, à la Cité des Etoiles !

---

36 Baudry P., *Le Rêve spatial inachevé*, *op. cit.* p. 275.
37 *Ibid.* p. 276.
38 Chrétien J.-L., *op. cit.*, p. 158.

La fin des « Astro-épouses »

Après l'amitié, un mot des premières femmes d'astronautes. Même s'il n'y a rien de très humiliant dans le fait d'être tenues à l'écart des milieux scientifiques et technologiques, les femmes des premiers astronautes passèrent quand même pour être sinon nunuches ou potiches du moins « la cinquième roue du carrosse ». Leurs maris astronautes dès les débuts furent célèbres et elles durent poser notamment pour le magazine *Life* qui leur imposa des tenues vestimentaires identiques ainsi qu'un maquillage précis lors de séances-photos pour la NASA. Retenons dans un premier temps qu'elles menèrent une vie de famille au code plutôt stoïque, mais aussi que les pionniers eurent une vie amoureuse équilibrée et relativement normale.

Elles furent surnommées « astro-épouses » par la presse, et contrairement par exemple à l'épouse de Gagarine qui ignorait tout de sa mission, les épouses américaines eurent le droit de profiter d'un duplex réservé aux officiers à la base aérienne de Langsley en Virginie. Ce fut le cas, entre autres, des épouses de Gordon Cooper, John Glenn, Gus Grissom, Wally Shira, Scott Carpenter, Deke Slayton pour le seul vol Mercury dans les années 1960. Les plus « machos », Gus Grissom et Deke Slayton laissaient leurs épouses, comme des cowboys le week-end, pour aller chasser au Great Dismal Swamp de Virginie. L'astro-épouse de Wally Shirra voyait d'un mauvais œil le fait qu'il continuât à allumer des cigarettes en cachette et sans inhaler. Cet astronaute était irrité par l'absence de nicotine, mais son épouse avait pour tâche de veiller sur lui et de préparer la popote. La femme de John Glenn parvint à la fois à s'occuper entièrement de ses deux enfants et à encourager elle aussi son mari à cesser de fumer. A l'époque, la psychologue américaine Karen Horney (1885-1952), créatrice de l'*Association for Advancement of Psychoanalysis*, mit fin aux théories phallocratiques de Freud et écrivit des articles sur la condition de la femme et les singularités de la féminité. C'est à elle que nous devons par exemple le concept de « tensions prémenstruelles » qui provoquent irritabilité, agressivité et obsession du lavage et du rangement. Ces tensions seraient artificiellement supprimées chez certaines astronautes qui prennent des pilules spéciales pour ne plus avoir leur règle en mission. Mais ce point reste à éclaircir.

L'apport des féministes est incontestable quand évidemment il ne se borne pas à mettre simplement un e à toutes les sauces, style « professeure », « auteure », « écrivaine », « maîtresse de conférences » (!)... », prosélytisme d'autant plus bizarre que plus personne n'utilise par exemple le mot « doctoresse » pourtant en usage quand j'étais enfant ! Bref, les filles de Marie Curie et de Simone de Beauvoir ont quand même permis aux femmes intelligentes d'accéder à ce que l'on nomme encore parfois des « métiers d'homme ». Se contenter, en effet, des exploits d'un mari astronaute, faire les courses, s'affairer au fourneau, s'occuper des mômes et promener le chien, c'est aujourd'hui heureusement terminé. Pas question de se faire chiper la notoriété quand elle est méritée.
Valentina Térechkova, bien que mariée, n'eut jamais ce problème. Elle fut une héroïne à l'exploit reconnu. Elle montra à sa façon la voie royale pour accéder à l'Empyrée. Tout simplement, par son exemple, elle ouvrit aux femmes du monde entier le chemin des étoiles. C'était le 19 juin 1963, elle n'avait que 26 ans. Elle voyagea seule dans l'espace, suivie de Svetlana Savitskaya, première femme à réaliser une sortie

extravéhiculaire, inspirant, elle aussi, toute une génération de jeunes filles. Il y eut, côté américain, Sally Ride, décédée récemment (23.07.2012) et à laquelle Barack Obama rendit un digne hommage. Un mois avant sa disparition, le 16 juin 2012, c'était une jeune pilote de chasse chinoise, Liu Yang (33ans) qui décollait du désert de Gobi à bord du vaisseau Shenzhou-9 (qui veut dire « vaisseau divin ») accompagnée de deux « taïkonautes » hommes. Notons avec amusement que le recrutement des futures exploratrices chinoises stipule qu'elles doivent « être mariées, avoir les dents blanches, une bonne haleine et pas d'odeur corporelle », bref, ironisent certains Chinois, un vrai concours de « Miss Univers » !

Les femmes et la conquête spatiale

Reprenons les choses d'une façon plus historique. Actuellement, les parcours initiatiques menant à la conquête de l'espace ne sont plus réservés aux hommes. Mais comment les choses se sont-elles passées ? Dès l'exploit de Gagarine, l'idée qu'une femme puisse devenir cosmonaute est dans l'air parmi les spécialistes russes. Pourtant, le ministre de la Défense de l'époque s'y oppose, et l'instigateur Sergueï Korolev est assez réticent. Il faut lire *La Femme et le communisme* de Lénine pour comprendre l'exigence politique d'égalité que voulait incarner le président russe Khrouchtchev en demandant que des femmes soient recrutées, dès juillet 1961, et s'entraînent. C'est dans la Société des Amis de la Flotte Aérienne de Trotski que 400 jeunes femmes sont repérées parmi les parachutistes : trente sont retenues et seulement cinq sont sélectionnées. Korolev qui dirige les opérations est très clair : « choisissez d'emblée votre vocation, car c'est ou bien, ou bien », dit-il. « Ou bien, on se marie et on fait des enfants ou bien on s'entraîne ! ».

Ce choix racinien est ce qui explique peut-être que les femmes restent encore sous-représentées dans les missions spatiales. Depuis 1961, 90 % des astronautes envoyés dans le cosmos sont des hommes. Environ soixante femmes ont voyagé dans l'espace au moment où j'écris ces lignes. Après en avoir discuté avec Wendy Lawrence, je puis affirmer que ce n'est pas en vouant un culte à Barbara Cartland qu'elles en sont arrivées là ! Toutes sont plus enivrées de sciences et de technologies que de littérature légère. Au sens propre comme au sens figuré, les pionnières acceptèrent d'avoir une « vie de chien ». Car les chiens furent les premiers, de loin préférés aux singes trop émotifs qui, en proie au « gravitational stress », arrachaient les capteurs de paramètres physiologiques et tous les fils électriques. La chienne Laïka entra dans l'espace le 3 novembre 1957, garda son calme et ne manifesta aucun malaise. Pour la petite histoire, sachez que la Société Protectrice des Animaux écrivit à l'ONU une lettre incendiaire de protestation pour « horreur et mépris envers l'animal » ! Personne ne s'insurgea ni au départ ni au retour de la première cosmonaute Valentina Terechkova ! Les animaux avant les humains, bien sûr ! Où Pasteur avait-il la tête ? Bref, passons…

Une vie de chien est un euphémisme. Les femmes subissent comme les hommes des anamnèses fouillées de leur enfance, de leur santé, de leurs habitudes (il ne faut avoir aucune dépendance au tabac, à l'alcool, aux drogues évidemment), de leurs études aussi et les entretiens dès le début, chez les Russes comme chez les Américains, sont indiscrets et éprouvants. Les commissions médicales sont tatillonnent, les bilans sont poussés, l'écrémage redoutable. « La Cité des étoiles » porte mal son nom, écrit Claudie André-Deshays dans *Une Française dans l'espace*. « Rien n'y brille et ne ressemble à un conte de fées. Elle n'a pas été construite pour produire des effets grandioses, mais pour donner des résultats grandioses ».

De fait, l'entraînement et la sélection sont encore plus difficiles que pour la pionnière : Irina Solovieva fut recrutée après avoir réalisé quelque 900 sauts en parachute. Gagarine en avait fait seulement cinq ! Des arguments physiologiques se mêlent à l'idéologie soviétique. Ainsi, en faisant tourner des guenons d'Abkhazie en centrifugeuse pour tester l'organisme féminin, on constate qu'entre le 14ème et le 18ème jour du cycle menstruel (période d'ovulation), l'organisme résiste moins bien aux accélérations. Il faut donc éviter de

programmer des opérations de satellisation ou de désorbitation pendant cette période. De fait, Valentina Terechkova fut désignée par le chef de l'Etat contre l'avis de la commission médicale. C'est donc le point de vue purement politique de Khrouchtchev qui fut vainqueur.
Il prit toutefois appui sur un phénomène de société. Solovieva était, par ailleurs, diplômée de l'Ecole Supérieure du Génie Civil et Valentina Polonnaruwa diplômée de l'Ecole de l'air de Moscou. Elle avait aussi une thèse de doctorat en économie et une centaine d'heures de vol de plus que Gagarine.

C'est Solovieva, avec une thèse en psychologie, qui s'occupera de la mise en condition psychologique des cosmonautes. Cette simple ouvrière du textile va devenir héroïne nationale. Elle n'a, au départ, réalisé « que » 90 sauts dans un banal club de parachutistes amateurs. Même si on l'entraîne, elle éprouve des moments de faiblesse. Prise d'un malaise lors d'un simple vol simulé, elle ne parvient pas à effectuer la manœuvre prescrite et tombe dans un profond sommeil. La sirène d'alarme se déclenche. Elle avoue : « Je dormais, j'étais trop fatiguée. » Ces épreuves intenses, Valentina Terechkova, après avoir subi un entraînement pendant huit mois, va les surmonter et réaliser le premier vol féminin au monde le 16 juin 1963 ! Juste deux ans après Gagarine !
Elle fera 48 fois le tour de la Terre en Vostok-6. Les Américains misèrent, eux, sur une équipe d'hommes pour atteindre la Lune et furent les premiers à marcher sur notre satellite naturel : c'est l'exploit de Neil Armstrong et de Buzz Aldrin, Mickaël Collins étant voué à tournicoter en attendant autour de notre satellite. Mais ils ont vingt ans de retard pour ce qui concerne les vols féminins à l'époque. Depuis, ils ont mis les bouchées doubles ! En juin 1983, Sally Ride fut la

première femme américaine dans l'espace, inspirant en cela un grand nombre de jeunes femmes prêtes à s'entraîner avec acharnement. Il est cocasse de savoir que Sally Ride a rejoint la NASA un peu par hasard en répondant simplement à une petite annonce dans le journal de son université ! Il est des chances dans la vie qu'il faut savoir saisir !
Viennent ensuite des demandes de tous les pays. Parmi les femmes uniquement, la première Française à gagner l'Empyrée est Claudie Haigneré (son nom d'épouse) médecin et docteur en neurosciences qui partit sur Soyouz TM-24 et Soyouz TM-33 avec les Russes. C'est ensuite une Russe, Svetlana Savistskaïa, ingénieur de vol sur Soyouz qui sera la première femme à réaliser la toute première sortie extra-véhiculaire. Viendront après Helen Sharhan, la première Britannique, Lin Yang, la première Chinoise, Roberta Bondar, la première Canadienne sur un vol américain STS-42, So-Yeon Yi, la première spationaute sud-coréenne, l'Américaine Karen Nyberg, 50ème femme à aller dans l'espace sur un vol Soyouz, Mae Jemiron, spécialiste de mission et première femme afro-américaine (1992) sur vol STS-47, et enfin, Shannon Lucid, une Américaine qui, avec tous les vols cumulés STS-51, STS-51, STS-34, STS-48, STS-58, STS-76/79 est le second record féminin de temps total passé dans l'espace.
Il y eut des médecins comme Suzan Kilrain, des ingénieurs comme Joan Higginbutham, des chimistes comme Janet Kavadi et Tracy Caldwell Diron, des enseignantes comme Barbara Morgan et Dorothy Metcalf-Lidenberger. Actuellement en 2017, c'est Samantha Cristoforreti qui détient le record de durée en une seule mission tandis que Peggy Whiston possède le record de durée dans l'espace en missions cumulées. La grande athlète Tim Peake a couru dans l'espace

le marathon de Londres. Beaucoup de femmes furent éliminées pour manquement à la discipline, problème familial ou conjugal, hésitation face à une vie résolument spartiate, manque de polyvalence, fatigue extrême lors d'exercices éprouvants, mais aussi pour des raisons psycho-physiologiques.

Des chercheuses, en effet, ont mené une étude sur les menstruations dans le cosmos. Varsha Jain, gynécologue et spécialiste de l'espace au *King's College* de Londres et Virginia Worrong, pharmacienne et astronaute au *Baylor College of Medecine* ont montré que beaucoup de femmes décident de suspendre leurs règles pendant la durée des missions en prenant des pilules qui inhibent le processus de menstruation. Toutefois, la stabilité des composants chimiques des pilules serait compromise par les radiations. Par ailleurs le traitement hormonal n'est pas testé pour l'instant sur une période de temps suffisamment longue. Le problème des règles se pose pour les longs voyages de trois ans et plus. Il semble aussi, même si cela paraît prosaïque, qu'emporter environ 150 serviettes périodiques pour deux ou trois astronautes pose à la fois des problèmes de poids et de stockage. Quant à une éventuelle fécondation dans l'espace, qui fut, dit-on, envisagée par les Russes dans le but (raté !) de créer « le premier bébé de l'espace », retenons, pour l'instant, que le développement embryonnaire est, sur Terre, largement conditionné par la gravitation. Dans son livre *Sex in Space*, Laura Woodmansee souligne le fait que l'union d'un ovule et d'un spermatozoïde est très différente dans une situation de microgravité et qu'une fécondation « classique » pourrait entraîner des grossesses extra-utérines en grand nombre.

Mais, hommes et femmes, parviendront, n'en doutons pas, à trouver des solutions à ces problèmes actuels.

Le salaire de la peur

1. Etant donné le niveau de connaissances, la dureté de l'entraînement, le temps passé aux études et à la formation, l'intense travail fourni, on pourrait croire qu'un astronaute est archi-milliardaire ! On sait ce qu'il y a d'unique, d'incroyablement privilégié, de fantastique dans ce métier. Mais au vu des épreuves à surmonter, des risques évoqués, des peurs à surmonter, la rémunération des astronautes est finalement très modeste si on la compare à ce que gagne un député, un PDG d'entreprise ou même un pilote de ligne. Fonctionnaires de l'Etat, les astronautes sont payés comme tout employé en fonction de son âge, de son expérience, de sa formation, de ses échelons. Le salaire d'un débutant à l'European Space Agency (ESA) se situe entre 4800 et 5500 € brut/mois. Après une formation de base, la fourchette se situe entre 5900 et 7900 € brut/mois. Et après un premier vol entre 6900 et 8000 € brut, moins que le salaire d'un pilote de ligne. Un métier de rêve ? Oui, mais on ne roule pas sur l'or pour autant. Les pilotes civils des grandes compagnies aériennes[39] sont mieux payés qu'un astronaute. Les astronautes américains gagnent

---

[39] Les salaires bruts mensuels en 2015 pour la compagnie Air France étaient les suivants :
Copilote : 12379€ brut
Commandants de bord : 17962€ brut
Instructeurs : 20300€ brut
Sachez que les salaires varient aussi en fonction du type d'appareil. Piloter un A 320 n'est pas rémunéré comme pour un B 777 et les salaires culminent pour les A 380.

96 000 $ par an qu'ils aillent dans l'espace ou pas, soit environ 8000 $ par mois. Au Canada la fourchette se situe entre 5000 et 9000 $ par mois. A la NASA ceux qui sont issus de l'armée gagnent entre 5000 et 11 000 $ par mois. Certains bénéficient de primes de risques et se rattrapent en faisant des conférences, en étant consultant et en écrivant des best-sellers. Jusqu'en 1990, les astronautes russes, quant à eux, étaient payés en fonction de l'objectif de la mission. Prendre soin des héros de l'espace était une priorité et l'on mettait à leur disposition, jolies voitures, maison confortable, presse internationale et ils étaient invités à des réceptions officielles un peu partout. Jusqu'à une date récente, le gouvernement russe distinguait les cosmonautes-candidats (salaire mensuel de 1600 € net en janvier 2013), les explorateurs ayant réalisé un premier vol spatial (1750 € net) et les instructeurs (2200 €). Mais il faut rapporter ces sommes qui nous semblent modiques au pouvoir d'achat en Russie il y a cinq ans. Il s'agit, en outre, des salaires hors primes de vol. Actuellement les astronautes russes perçoivent de 95 000 € à 106 000 € pour 6 mois dans l'ISS.

Les salaires chez *Ariane Space* sont connus et ne sont pas mirifiques. Ce sont les grades qui déterminent les salaires. Un chef de service gagne 4500 €/mois, un ingénieur chef de projet environ 3500 €/mois et un chef de département 6000 €/mois. Bref, le royaume des astronautes n'est pas celui de Crésus. Il n'y a parmi eux ni paradis fiscal ni scandales financiers propres à certains hommes politiques qui en France, défraient régulièrement la chronique. Hélas, certains postulants ne pouvant devenir des professionnels de l'astrophysique rejoignent des commerciaux dans les secteurs privés : ils deviennent journalistes scientifiques, experts en électronique, informatique, télécommunication, en entreprises civiles (Matra, Thomson…). En France, un recyclage est possible à La Hague. Mais certains se retrouvent… à la météo !

Aux Etats-Unis, il est possible de se reconvertir, quand on n'est pas sélectionné ou que le salaire est insuffisant, car le marché est vaste, ouvert et diversifié. Il est possible de travailler dans des bases d'essais ou de lancement comme le Centre Dryden de la NASA. On peut aussi travailler pour l'industrie qui suppose tout un potentiel d'innovation, pour la Défense ou au NTT du Chili (le *New Technology Telescope*). Par ailleurs, le tourisme spatial a le vent en poupe ! Comme le dit Jean-François Clervoy dans une interview récente : « pour des personnes riches et privilégiées, aller dans l'espace c'est possible. Certes, ça coûte des millions de dollars… Mais attention : quand on n'a pas de formation, on a une chance sur cent d'y laisser sa peau ! » Cela dit, les salaires sont peu élevés, car les budgets gouvernementaux sont restreints. En raison des restrictions budgétaires drastiques de l'Etat, Aldrin dans *Mission to Mars* préconise de développer le domaine commercial, de faire appel à des sponsors, et à des « private space exploration companies ».

Il critique, je cite « la myopie au jour le jour de la bureaucratie américaine, les cycles périodiques d'élections présidentielles comme ce fut trop souvent le cas dans le passé ! ». Aldrin suggère de développer l'industrie du tourisme sous la forme de vols spatiaux suborbitaux et autres lancements pour toutes sortes d'expériences en gravité zéro. Il va jusqu'à imaginer des tour-opérateurs réalisant des vols orbitaux de luxe, dans un futur proche et des voyages autour de la Lune en basse altitude. En France, nous développons depuis quelques années les vols paraboliques : quarante personnes payant chacune environ 4000 € sont regroupées pour passer quelques minutes en impesanteur dans un Airbus nommé « Zéro G ». Cela permet de colliger certaines sommes pour développer les recherches entreprises.

Des milliers d'offres d'emplois

Parlons maintenant d'argent à un autre niveau. Quel que soit le niveau d'études et de pratique que vous avez, vous pouvez, de près ou de loin, participer à la conquête spatiale. Certes, c'est surtout l'objectif de devenir astronaute qui fait toujours rêver. Mais tous ceux qui participent à l'aventure sont aussi méritants. En effet, comment partir dans l'espace sans les compétences intellectuelles et technologiques de ceux qui créent les super-computers, les logiciels complexes, les lanceurs, les vaisseaux, les satellites, les rovers etc. ?

Envoyer un seul humain dans l'espace cela mobilise des milliers d'ouvriers, de techniciens, d'ingénieurs. La seule question que vous devez vous poser est celle-ci : quel est mon savoir-faire dans tel domaine ? On évaluera vos compétences intellectuelles, manuelles, techniques, commerciales et relationnelles. Certes, mon désir, dans ce livre, est de rendre contagieuse ma passion pour l'espace, mais aussi de stimuler tous les talents.

Sachez donc que le « spatial » aujourd'hui, dans tous les pays qui se passionnent pour l'espace, est source d'emplois les plus divers. Dès 2012, Buzz Aldrin abordait la question et notait à propos des emplois : « Mon plan apportera plus de 2500 emplois dans les deux prochaines années comparé, aux estimations de l'administration précédente. Nous modernisons et améliorons les systèmes de lancement au Kennedy Space Center... Il y a un fort potentiel d'emplois dans les compagnies en Floride et dans tous les Etats-Unis, lesquels participeront de façon très compétitive à toute l'industrie des

transports spatiaux. On peut estimer à 10 000 les emplois dans toute l'Amérique d'ici quelques années[40].
Beaucoup de familles en Floride ont perdu leur job à cause de l'abandon du programme de la navette, décision politique qui a été prise dix ans auparavant » convient Aldrin qui a proposé « qu'une enveloppe de 40 millions de dollars soit allouée par la Maison Blanche à la NASA et d'autres agences afin de développer un plan de croissance économique et créer des emplois, des partenariats avec l'industrie et d'investir dans tout ce qui est à l'avant-garde en matière de technologie ».
De fait, le spatial, c'est l'avenir. En France, on trouvait, au mois de mai 2017, 81 offres d'emploi d'ingénieur pour la seule ville de Toulouse, 600 offres d'emploi en informatique dans le domaine spatial, 1800 offres pour divers passionnés par le domaine spatial. Le Centre Spatial de Toulouse (CST) rassemble toutes les compétences en matière de recherche et de développement des technologies spatiales.
La Direction des Lanceurs (DLA) recrute au profit de l'Europe spatiale. La direction du Centre National d'Etudes Spatiales (CNES) imagine les systèmes de demain et développe avec l'ESA les nouvelles générations de lanceurs. En matière de lanceurs, il y a aussi « Airbus Safran Launchers ». Le lanceur Ariane 6 a été construit par Safran. Ils ont élaboré le moteur spatial Vulcain et la « propulsion plasmique » ainsi qu'une technologie qui ouvre la voie à de futures explorations interplanétaires. En 2016, Safran a recruté 7000 personnes, dont 5000 affectées à l'international. Résultat : 115 000 améliorations réalisées et 100 dossiers soumis aux *Innovations Awards* 2017.

[40] Aldrin B : *op. cit.*. p. 246.

Retenons le slogan de cet industriel : « La tête dans les étoiles et les pieds sur Terre ». Alors, continuez à imaginer, mais montrez vos compétences. Les lieux où vous pouvez exercer vos talents font rêver : Guyane, Botswana, Inde, Canada, Maroc, Italie, Allemagne, Espagne, Royaume-Uni et dans plus de vingt autres pays. Le groupe *AKKA*, leader européen de l'ingénierie et du conseil en technologie, est lié à Safran Airccraft Engines en association avec General Electric. Le slogan de cette industrie prometteuse est celui-ci : « Le meilleur moyen de prédire l'avenir, c'est de l'inventer ». Bien des pays font rêver pour y travailler, mais ce n'est évidemment pas ce qui est déterminant pour chacun. Comment choisir ? Faites-le en privilégiant d'abord votre métier et votre niveau d'expérience, puis les fonctions, l'entreprise et enfin, la région. Safran recrute et a besoin de talents diversifiés. Il faut des techniciens pour la propulsion et l'équipement des lanceurs spatiaux. Il faut des ingénieurs, certes, mais aussi des monteurs « mécaniques », des monteurs « régleurs », des ajusteurs dans les domaines de fonctionnement des satellites lesquels sont omniprésents dans notre vie quotidienne (téléphonie, GPS, etc.). Autre groupe auquel vous pouvez vous adresser : Thalès Alenia Space. Les offres d'emploi sont aussi des CDI à plein temps dans le domaine de l'aérospatial. Thalès, c'est 64 000 collaborateurs dans 56 pays ! Le slogan correspond à l'esprit de la psychanalyse existentielle : « Together we explore a world of possibilities ». Le groupe Thalès fut maître d'œuvre des grands observatoires spatiaux Herschel et Planck, puis plus récemment Corot, le chasseur d'exoplanètes.

Thalès Alenia Space est un partenaire français incontournable des missions européennes à travers le système solaire : Vénus, Mars, Mercure, Titan et même des astéroïdes et des comètes.

Ils ont été partie prenante de l'assemblage, de l'intégration et des tests effectués sur la sonde Rosetta. Thalès Alenia Space a donc joué un rôle important dans l'aventure Rosetta-Philae, et aussi dans la mission européenne Bepi Colombo, destinée à l'exploration de la planète Mercure. Il y a dix ans, la société Thalès participa à la mission Cassini-Huygens qui explora les couches atmosphériques de Titan, la plus mystérieuse lune de Saturne. Thalès Alenia Space participe au programme européen Euclid chargé de comprendre la nature de la matière noire, prochain défi scientifique à relever.

Et pour 2020, cette société est en charge de développer le système de navigation et de guidage pour le module de l'orbiteur et du laboratoire d'analyse qui sera intégré à l'intérieur du rover. Ce laboratoire est équipé d'un perforateur capable de sonder le sol martien à deux mètres de profondeur. L'agence spatiale canadienne recrute, la NASA aussi, mais il faut bien parler l'anglais y compris le langage technique. On recherche en Europe des acteurs issus de toutes les branches possibles, mais consciencieux et très rigoureux. Vos atouts sont aussi votre curiosité personnelle, vos connaissances des langues, vos capacités d'analyse, de synthèse, votre aptitude à résoudre des problèmes et surtout pas à les créer ! Parfois des psychologues évalueront votre esprit de méthode, la sûreté de vos jugements, votre réactivité, votre sens pratique, votre autonomie, votre sens du contact et du travail en équipe, vos capacités de négociation, de persuasion voire votre diplomatie dans les domaines plus commerciaux. Une fois cela évalué, choisissez votre secteur. Les ingénieurs des grandes écoles sont très sollicités dans tous les domaines d'activité : conception des pièces d'industrie spatiale pour les lanceurs, expertise des systèmes de propulsion, supervision d'essais mécaniques, expérimentation en laboratoire, performance des systèmes, amélioration d'algorithmes, formation en navigation (orbitographie), inspection, contrôle, validation des moyens au sol ou en vol, amélioration des outils d'ingénierie, recherche en développement des structures, recherches en logiciels CAO (Conception Assistée par Ordinateur) pour plans, schémas, calculs. Mais il faut aussi des techniciens spécialisés en analyse microstructurale, en compréhension des défauts des pièces en mécanique de la rupture. Il y a une plate-forme « contamination » qui étudie la perte de performance des éléments optiques (miroirs, lentilles…), l'impact des dépôts moléculaires et le vieillissement des matériaux (colle, peinture, composites).

On vous appréciera si vous avez une connaissance des matériaux polymères, si vous maîtrisez les techniques d'analyse spectroscopique et chromatographique, les techniques du vide, les tests sidérurgiques, les montages, les procédures d'usinage, d'équilibrage, la mécanique informatisée, la technologie des systèmes embarqués. On recrute à tous les niveaux d'études : Bac pro aéronautique, BTS de génie électrique ou mécanique, DUT de mesures physiques, licence pro mécanique… Si vous avez un CAP, un BEP d'ajusteur, de monteur-câbleur, de stratifieur, drapeur, chaudronnier, et si vous êtes spécialisés dans l'implantation des systèmes fluides ou électriques, vous avez des chances d'avoir un job !

On recherche une main-d'œuvre qualifiée dans le secteur Qualité. Des opérateurs sur machines-outils à commande numérique, des ajusteurs-monteurs capables de travailler à partir de documents de bureaux d'études, des apprentis aptes aux suivis techniques ayant connaissance des systèmes GPS et des équivalents européens le GNSS ou le Glonass russe. La direction des services orbitaux du CNES souhaite des travailleurs spécialisés en produits composites, en techniques innovantes, en maintenance garantissant la fiabilité des équipements, mais aussi des responsables « achats » connaissant les exigences légales et réglementaires, concernant la surveillance en conformité des éléments embarqués. Les psychologues exigent d'avoir un excellent « relationnel », un goût pour le travail en équipe dans un contexte de coopération internationale. Si vous êtes un « commercial », vous serez affecté à l'optimisation des performances, à l'évaluation des coûts, des délais, des risques. Vous pourrez être affecté à Paris, Bordeaux, Toulouse, Grenoble ou Kourou (Guyane).

Vous pouvez vous informer et consulter les sites suivants :
1. recrutement@cnes.fr (France)
2. www.airemploi.org (France)
3. www.aeroemploiformation.com (France)
4. http://www.nasa.gov/astronauts (USA)
5. www.asc-csa.gc.ca (Canada)
6. www.csa-int/fr (Agence Spatiale Européenne)

Selon votre lieu d'habitation, vous pouvez avoir des informations sur les postes et les emplois pays par pays. Ainsi vous pouvez contacter :
- En Espagne : ESAC (Madrid)
- En Italie : ESRIN (Frascati)
- En Allemagne : ESOC (Darmstadt)
- En Angleterre : ECSAT (Harwell)… etc.…

Au moment où j'écris, l'Agence Spatiale Canadienne vient de terminer sa sélection et les astronautes élus partiront pour se former à Houston en août 2017. Sur 18 000 candidatures pour devenir astronaute, 14 personnes sont déjà retenues. L'agence canadienne précisait au départ quelques points essentiels. D'abord les recruteurs, je reviens sur ce point important, voudront tout connaître de votre scolarité, de vos études et vos connaissances seront mises à l'épreuve. Sur le plan des exigences générales viennent au premier plan les éléments suivants :

1. La qualité du jugement.
2. L'intégrité psychique et morale.
3. Le raisonnement synthétique et analytique.
4. L'art de parler en public.
5. La débrouillardise.
6. La motivation.

Quelques éléments physiques sont indiqués : la taille comprise entre 149,5 cm et 190,5 cm. Le poids compris entre 50 kg et 95 kg. L'acuité visuelle : 20/20 (ou 6/6) et ne pas être daltonien. Ces indications sont conformes à celles de la NASA dont les maîtres mots sont : *Creativity-Ambition-Teamwork-A sense of daring- And a probing mind.*

La tâche des psychologues est de vérifier que vous possédez toutes ces qualités ! Le jugement doit être sûr et rigoureux comme peut l'être la minutie pour la réalisation de travaux de précision. L'intelligence humaine est supérieure à l'intelligence artificielle qui ne fait que vérifier la conformité des éléments d'un astronef ou identifier les dysfonctionnements, les pannes, les anomalies. L'intelligence humaine doit être capable d'innover et d'améliorer les procédures. L'homme reste maître des méthodologies, de l'analyse ou de la synthèse des processus. Il est aussi important de savoir s'exprimer en public sans jargonner et de travailler en équipe.

Sachez enfin que la France est très performante et à la pointe de l'innovation dans l'industrie aéronautique et spatiale. Les chiffres actuels sont encourageants dans une période de grave chômage. La France emploie en effet 162 000 personnes et 300 000 en incluant les sous-traitants. Elle fait toujours appel à du personnel qualifié de tous niveaux. Voici les chiffres :

Ingénieurs et cadres :	41 %
ETAM[41] :	36 %
Ouvriers :	23 %

Il faut aussi des dessinateurs, projeteurs, ingénieurs de bureau d'études, architectes, infirmiers, psychologues, médecins, pilotes et… garagistes ! Si vous êtes fainéant et paresseux, vous avez même votre chance. La NASA recrute pour l'espace avec des affiches comme : « Mars need you ! Be a Martian ! ». Elle sollicite en effet des volontaires payés 13 000 € pour rester au lit pendant 70 jours ! Cette expérience vise à préparer des voyages de longues durées. Le Docteur Roni Cromwell dirige la « bedrest-study », menée au Jonhson Space Center de Houston. Vous devez donc rester au lit 24h/24h pendant 70 jours à l'exception de courts moments où vous subirez des séries de tests ! Votre lit sera relevé de 6° afin d'avoir les jambes surélevées. Cette inclinaison de 6° fait remonter les fluides vers la partie supérieure du corps, déclenchant des réactions cardio-vasculaires semblables à celles qui se manifestent dans l'espace. Vous constaterez aussi une atrophie des muscles et de la densité osseuse. Vous pourrez jouer, écrire, téléphoner, communiquer avec des proches et même travailler, du moment que vous restez dans votre lit. Mais attention ! On recherche des personnes en bonne santé et des gagnants, pas des loosers ni des dépressifs atteints de clinophilie !

---

41 ETAM : Employés, Techniciens et Agents de Maitrise.

La face cachée de nos conquêtes

Abordons maintenant un sujet délicat qui nécessite que nous soyons réalistes et prudents. Notre passion pour la découverte de nouveaux mondes et notre enthousiasme pour la conquête prochaine de la Lune et de Mars doivent être tempérés par une réflexion commune, circonspecte, attentive, pour ne pas répéter les erreurs du passé. En matière de conquête, un peu de réalisme critique ne peut nuire à nos rêves. Et Buzz Aldrin dans *Mission to Mars* est le premier à nous mettre en garde. Gardons en effet à l'esprit que la prise de possession d'un espace, quel qu'il soit, est souvent suivie de l'étendue d'un pouvoir qu'il soit économique, politique, militaire ou financier. Reprenons quelques points d'histoire.

La possession commence, au XIIème siècle, par une dénomination des espaces donnant lieu à une étrange cartographie de la Lune. Celle-ci fut considérée comme fantaisiste et tous les cratères et les océans furent ensuite renommés. Seuls les noms des célébrités scientifiques furent retenus, comme les cratères Maupertuis, Kepler, Copernic, Tycho, Newton… La classification de l'Almagestum Novum (1651) de Giovanni Riccioli est aujourd'hui abandonnée. Les noms d'hommes de Lettres proposés par la France, par exemple Voltaire, Hugo, Montesquieu… furent refusés par l'Union Astronomique Internationale. Seuls les scientifiques bénéficient du droit d'être immortalisés. Il existe aussi, bien sûr, des noms de code compliqués et techniques, mais aussi des noms relativement « neutres », comme *La Mer de la Sérénité*, *La Mer de la Tranquillité*, *La Mer de la Fécondité*. Même la planète rouge est complètement cartographiée. Pour l'instant les noms attribués sont essentiellement latins. De ce point de vue, concernant les conquêtes, un bref rappel s'impose.

Historiquement, les premiers bipèdes vivant en groupes étaient très dispersés dans l'immensité d'une nature sauvage et les guerres étaient, d'après ce que la paléoanthropologie nous apprend, non pas exceptionnelles, mais sans grande ampleur. Les territoires de chasse et de cueillette étaient suffisamment vastes, épars et mobiles. Tout changea au Néolithique. La sédentarisation liée à l'agriculture naissante provoqua une explosion démographique et s'ensuivirent des massacres collectifs. Vinrent, plus tard, les conquêtes réalisées pour construire de grands empires. Il y eut Hannibal, Alexandre, César, puis les conquêtes maritimes de nouveaux mondes par les Français, les Espagnols, les Anglais, les Hollandais pour *l'El Dorado*, le massacre des tribus pour l'or, l'argent, le diamant, l'Inquisition imposant sa religion, le *Far West*, un bien commun à découvrir dont on prit possession pour en faire une multitude de biens privés, puis en Europe, il y eut le « Reich » de Bismarck, celui d'Hitler, la dictature de Franco, de Staline et de bien d'autres dictateurs. Mais en dépit des conquêtes d'un espace toujours plus vaste, malgré les millions de morts des guerres de 1870, 1914-18, 1939-45, la guerre d'Espagne, Hiroshima, le Vietnam, l'Afghanistan, l'Irak, la Syrie, etc. Nous allons atteindre bientôt neuf milliards d'êtres humains sur notre petite planète Terre ! L'astronaute Marina Popovich, professeur en sciences aéronautiques et vice-présidente de l'université d'Arkhangelsk (Russie du nord) a clamé son désarroi d'une façon étrange, mais poétique. Elle affirme que notre Terre souffre. Que nos guerres, nos haines, nos ambitions, nos colères l'affectent profondément et la perturbent.

La Terre entourée, selon elle, d'un « tissu éthérique chargé », une sorte de tore énergétique nommé *Géométrie Sacrée* serait sensible aux forces psychiques semblables aux champs électromagnétiques recueillant l'amitié, l'amour, la tendresse, mais aussi la peur, la haine, les forces de destruction, de mort, de pouvoir, d'ambition, de vaines conquêtes. « Sensible à nos pensées, nos sentiments, la Terre émet, dit-elle, un type de rayonnement qui se répercute sur le climat ». Elle affirme que « les charges psychiques négatives sont plus puissantes que l'énergie nucléaire ». Elle conclut : « La pollution n'est pas seulement due à la consommation des énergies résiduelles. Nos sentiments sont eux aussi une source importante de pollution »[42]. Il semblerait que des créatures extraterrestres supra-intelligentes soient sur le point de nous prévenir ! En attendant leur aide, ayons des pensées positives », termine-t-elle.

Ce délire mystique et poétique doit nous tenir en alerte. Je l'ai montré : une grande amitié, une authentique fraternité lient entre eux les astronautes dans l'espace. Mais sur Terre, les grandes puissances sont toujours avides de territoires dits « géostratégiques ». Quant à l'espace, il fut très tôt, dès les années 1950, l'enjeu d'exploitations possibles sur le plan économique. La Lune, nous le savons, n'est pas un désert de poussière et de cratères inexploitables. Aldrin nous révèle qu'elle « est riche en silicone, aluminium, magnésium et autres éléments utiles que l'on peut extraire ». Il confirme que « nous pouvons explorer et utiliser les ressources de la Lune ». Et il ajoute avec fierté, mais d'une étonnante façon : « les Etats-Unis ont plus d'expérience sur la Lune que toutes les autres

[42] Interview de Marina Popovich in Revue *Planeta Urbano*, juillet 2011.

nations »[43]. Dès lors une question s'impose : combien de temps la « Mer de la Tranquillité », où Aldrin a glorieusement aluni avec Armstrong, pourra-t-elle garder dignement ce nom ? Car Aldrin a le courage de nous révéler que « la plupart des grands groupes d'exploitation minière qui investissent dans l'exploitation des ressources de l'espace veulent être assurés d'en tirer profit… »[44].

Il précise que « les Nations Unies ne sont pas l'instance pouvant déterminer les lois futures concernant la prospection et l'exploitation minière ». Les Chinois ne cachent pas leur ferme intention d'exploiter le sol, d'y faire des extractions. Certains arnaqueurs non plus comme je l'indique en annexe 2 de ce livre.

Aldrin propose de créer une « Internationnal Lunar Developpement Authority » et une « Internationnal Orbital Developpement Authority » et, pour la conquête des autres planètes, une « Internationnal Outer Orbit Authority ». Il souligne toutefois le fait que la déclaration fameuse d'Armstrong qui a fait le tour du monde « Un petit pas pour l'Homme, mais un grand pas pour l'humanité » avait seulement le sens d'une mission accomplie d'exploration et non de conquête[45]. Il propose aussi, dans un esprit d'apaisement de la course à l'espace et aux records, la création d'un « Pacific Internationnal Space Center of Exploration System ». Il y a, d'ores et déjà, débat concernant des droits

---

[43] Aldrin B, op. cit.: « The USA has more experience at the moon than any other nation ». p. 98.

[44] Ibid. p.110: Lunar regolith is rich in silicon, aluminium, magnesium and other useful elements that can be usefully extracted »… to explore and utilize the moon » (p.113).

[45] Ibid p.140: « Our mission was one of exploration and not conquest ». Il ajoute : « Extraterristrial mining in the years to come is one way to spread Earth's economic sphere of influence » (p. 138).

territoriaux (*surface rights),* des droits d'exploitation minière (*mining claims*) et des acquis privés (*possession of ownership*). Le chapitre intitulé « Pay Dirt ! » est un constat qu'Aldrin résume en déclarant que « dans les années qui viennent, l'exploitation des mines (*extraterristrial mining*) est un moyen de prolonger l'influence de la sphère économique de notre planète ».
Des plans sont prévus pour la détection d'astéroïdes et leur interception. Pourquoi, direz-vous, tenter d'intercepter et d'exploiter des astéroïdes ? Parce qu'on y trouve « des matériaux comme le fer, le nickel, de l'eau et même du platine dans une concentration plus importante que celle que l'on trouve sur Terre. On trouve aussi dans ces "rocs spatiaux" (*space rocks*) du rhodium, du palladium, de l'osmium, de l'iridium mélangé à du carbone et d'autres métaux rares ».
Le monde des affaires est conscient que, sur la Lune, les 1616 cratères officiellement recensés et baptisés ne sont pas qu'une vaine croûte de poussière et de rocs. Les mers lunaires, nommées maria (du singulier mare signifiant mer) ne sont pas, certes, des océans, mais d'immenses plaines basaltiques formées par d'anciennes coulées volcaniques et causées par l'impact d'énormes météorites. Elles constituent 31 % de la surface visible de la Lune et le basalte intéresse les nations, car il est riche en fer et en thorium. La *noxite* est riche en potassium, en phosphore et en terres rares très recherchées pour la fabrication des composants électroniques. Même la croûte lunaire est exploitable. Elle contient, selon les cartes géochimiques, du titane, du fer, du magnésium, du silicium, du calcium et des éléments radioactifs en particulier de l'uranium, du potassium et du thorium. Enfin, il ne faut pas sous-estimer l'importance de l'oxygène, de l'hydrogène, et de l'eau liquide dans la rocaille. Ceux qui songent à ce qu'ils nomment « une colonisation permanente possible de la

Lune », savent que le transport d'hydrogène et d'oxygène est très coûteux depuis la Terre, et qu'il est parfaitement possible, par catalyse de l'eau, d'obtenir les carburants nécessaires aux vaisseaux, roquettes et lanceurs que sont H_2 et O_2. La quantité d'eau liquide estimée sur la Lune est de 1 km^3, soit un milliard de mètres cubes exploitables. Mais l'inconvénient majeur, pour une exploitation réside dans les variations de température à la surface : 120 °C le jour et -150 °C la nuit. Mais l'*Homo economicus* saura vaincre ces difficultés techniques.

Plus difficile à maîtriser est la chute de météorites. En fait, la Lune est sans cesse percutée par divers corps célestes qui ne sont pas détruits puisqu'il n'y a pas d'atmosphère. Le résultat est que le nombre de cratères s'accroît puisqu'aucun phénomène d'érosion ne les fait disparaître. On évalue à deux par an les cratères nouvellement constitués.
La Guerre Froide est finie, mais la compétition est toujours rude. Le programme *Luna* apporta sur la Lune le premier objet fabriqué par l'homme : la sonde soviétique Luna 2 qui s'écrasa le 14 septembre 1959. En 1966, Luna 9 fut la première sonde à se poser et non à s'écraser sur la Lune. En 1968, les Américains répliquèrent en envoyant sur Apollo 8 (le 24 dec-1968), Frank Borman, James Lovell et William Anders prendre des photos de la face cachée de la Lune. Les Américains furent les premiers à marcher sur notre astre le 21 juillet 1969 et en 1972, avec Apollo 17, Harrison Schmitt et Eugene Cernan y marchèrent à nouveau, rapportant des échantillons de roches. En tout, douze hommes marchèrent sur la Lune et vingt-quatre orbitèrent autour. Les Américains plantèrent plusieurs fois leur drapeau sur la Lune, sans émettre aucune revendication territoriale. Cela, probablement à cause du « Traité de l'espace » qui entra en vigueur le 10 octobre

1967, considérant la Lune comme un « espace territorial » à l'instar des « eaux » du même nom. Le traité exclut toute utilisation militaire de l'espace. Mais la Lune est-elle pour autant protégée contre l'affairisme mondial ? Rien n'est moins sûr ! En effet, la guerre psychologique continue. Le « Traité lunaire » de 1979, concernant l'appropriation de l'astre dans des buts économiques et commerciaux, n'a jamais été ratifié par les grandes nations de l'exploration spatiale !

Ainsi par exemple, un avocat chilien paya 42 000 pesos pour acheter un terrain sur la Lune en 1953 et son achat fut considéré comme valide l'année suivante. L'argent reste le nerf de la guerre. Mais Aldrin l'a bien compris : l'Etat américain fait des choix.

En 2008, une base lunaire habitable était sérieusement envisagée. Chaque semaine, une équipe de quatre hommes devait être envoyée pour construire cette base. En 2024, cette base aurait été habitée en permanence par des équipes se relayant comme sur l'ISS tous les six mois. Enfin, un décollage sur Mars avait été envisagé… Et puis, plouf ! Plus rien ! Le 1er février 2010, Washington annonçait officiellement que tout était annulé pour des raisons de « contraintes budgétaires ». A la place de ce beau projet, les Etats-Unis optèrent pour un renforcement du budget des Armées et « l'exploration » de l'Irak, de l'Afghanistan, de la Syrie, dont les ressources sont finalement plus proches. En psychologie, on dirait avec que les Américains sont très… lunatiques ! En fait, il n'est pas certain après tout que la conquête spatiale, malgré les enjeux politiques, soit suffisamment rentable pour les Etats. C'est ce que laissent entendre des scientifiques de part et d'autre.

C'est ce que signifie, par exemple, Claudie Haigneré dans son livre déjà cité. « Faut-il continuer à envoyer des hommes dans l'espace, à prendre de tels risques et à dépenser de telles fortunes ? Pour beaucoup, la réponse est… non ! La présence humaine ne présente qu'un intérêt médiocre. Les progrès de l'informatique et de l'électronique ont créé des concurrents beaucoup plus efficaces : un robot peut accomplir le même travail sans problème médical, sans préparation étalée sur de longues années et sans états d'âme. La surveillance de la bonne santé d'un équipage en vol coûte des fortunes pour une efficacité contestable, car le moindre déplacement, la plus petite toux génèrent des perturbations de la microgravité qui peuvent fausser les expériences, alors qu'un robot reste imperturbable et n'a même pas besoin de respirer ![46] ». Jacques Blamont, conseiller scientifique au CNES est très critique par rapport « aux industries qui constituent des lobbies très influents » contrairement à Aldrin qui les encourage. Mais je préfère l'optimisme de Claudie Haigneré concernant l'intelligence humaine et j'ose croire en notre humanité qui, dit-elle, « agira en complément des activités automatiques… Elle ajoute : « L'homme poussera toujours plus loin les frontières physiques de l'exploration de l'Univers. Si ce rêve s'évanouit, les désillusions l'emporteront sur la force d'invention ». Alors, en dépit de tous ces aspects problématiques dans nos conquêtes, n'oublions pas que nos rêves sont à l'origine de l'univers des possibles.

[46] *Une Française dans l'espace*, *op. cit.*, p. 196.

Nos très précieux amis

Participent donc aussi à nos conquêtes de très précieux amis ! Ils sont devenus de sérieux appuis. Ils sont habiles, prévoyants, persévérants, toujours prêts à vous aider, à vous assister, à assurer votre sécurité, au départ, pendant le voyage, au retour sur Terre. Ils ne sont pas indéfectibles, qui le serait (?) et si parfois ils vous donnent du fil à retordre, ils ne sont pas susceptibles, si j'ose dire, de « péter les plombs », car ils ont… une santé de fer ! Ils n'auront pas besoin de dormir quand vous serez fatigué, pas besoin de manger quand vous aurez une fringale, ils auront besoin de peu d'entraînement, ne seront jamais malades et vous pourrez vous reposer quand eux seront astreints à des « travaux forcés »… C'est en effet l'étymologie en langue tchèque du mot *robota* (« travail forcé ») dont est issu le terme *robot.* Mon père, qui avait appris le russe et était menuisier, rapprochait ce terme du mot « Работы » qui désigne un instrument, le rabot, dont le nom vient du verbe russe signifiant au présent : travailler.

Ceux qui travailleront avec vous, à vos côtés, en plus des superordinateurs multiconnectés, pourront même parler avec vous, comme c'est le cas déjà, sur l'ISS, du « Robonaute » anthropomorphe nommé R2 qui est confiné dans Destiny, le module américain. Il pèse 136 kg et a été un peu gêné par les vibrations puissantes lors du décollage, mais il est programmé pour la conversation et pour faire des choix sur des bases de données complexes fournies par ses capteurs. Les robots sont nos fidèles collaborateurs. Ils sont là quand on a besoin d'eux, ont une précieuse mémoire et agissent pour que tout se passe bien. Pourtant, ce sont de drôles d'amis ! Ils n'éprouvent rien, ni joie ni colère, ni peur ni tristesse et n'ont pas de conscience.

N'attendez pas qu'ils vous fassent part de leur « ressenti ». Ce sont des choses inertes, imperturbables, de simples et efficaces exécutants. Le Robonaute R2 ainsi que Asimo[47], l'humanoïde créé en 1993 par Honda au Japon « paraissent » sympathiques et accueillants. Mais ils n'ont pas, comme les humains, le pouvoir d'éprouver, de rire ou de pleurer, de réfléchir et de s'émerveiller sauf, bien sûr, si on les programme pour cela, car, après tout, l'intelligence artificielle n'a pas dit son dernier mot.

De fait, les robots (mobiles, aériens, humanoïdes) envahissent les laboratoires et même notre vie quotidienne. Je ne parle pas des robots domestiques multifonctions qui tondent la pelouse ou préparent vos jus de fruits, des aspirateurs automates ni même de ceux qui sont utilisés dans l'industrie pour éviter les tâches répétitives sur les chaînes de montage automobile et qui heureusement soulagent les hommes. Je n'évoquerai pas non plus ici la robotique médicale qui est extrêmement précieuse dans les domaines de la rééducation neuromotrice et de la chirurgie des cavités abdominales qui nécessite des « surgical robot ».
Les retombées de la robotique en médecine sont aussi importantes que celles réalisées dans le champ de l'agroalimentaire et de l'industrie. Je veux parler des robots explorateurs qui remplacent l'homme dans un environnement hostile de l'espace, et sur des sites irradiés et sinistrés comme Tchernobyl ou Fukushima. Les robots sont moins sensibles que les humains aux radiations nucléaires puissantes, encore que les circuits imprimés, les éléments électroniques et l'informatique puissent être détériorés, entraînant des

---

47 ASIMO : *Advanced Step in Innovative Mobilty*

dysfonctionnements dans les dispositifs automatiques. Les robots spatiaux ont été utilisés il y a plus de 40 ans déjà.
En 1976, c'est la sonde inhabitée Viking 1 qui s'est posée sur Mars et a pris les premières photos de notre planète et non un paparazzi de Paris-Match. Actuellement, les robots sont utilisés dans trois domaines : l'exploration, la maintenance des appareils scientifiques, l'entretien en orbite. Sont indispensables donc les sondes, les Rovers, les atterrisseurs… Tout le monde a entendu parler de Philae, l'atterrisseur de la sonde Rosetta qui s'est posé sur la comète « Tchouri » : cette mission était carrément impossible pour les humains. Et depuis 2004, les Rovers américains Opportunity et Curiosity parcourent le sol martien. Il est maintenant question pour 2018 qu'un autre atterrisseur soit déposé sur Mars pour analyser le sol et le sous-sol. C'est la mission européenne Exomars d'exploration planétaire.

L'heure n'est plus à la science-fiction des années *Star Treck, Star Wars, Space Odyssey, Alien* ou *Transformers*. Oubliez *Robocop, Terminator* et consorts, mais intéressez-vous à « The most awsome robots » que vous pouvez voir sur YouTube. Asimo marche, court, sautille, se présente, pose des questions, vous sert une tasse de thé… Il est un prototype d'Actroïd (un androïde « acteur ») et les jeunes femmes japonaises nommées « Life-like robots » font irrésistiblement penser aux prestations féminines singulières du *Blade Runner 2049* de Philip K. Dick. Le principe de la robotique, à l'origine des robots humanoïdes, est dû à Isaac Asimov, écrivain russe du XXème siècle.

En août 2013, l'agence spatiale japonaise (JAXA) a envoyé Kirobo, un petit robot de 34 cm, 1 kg, pourvu de

reconnaissance vocale, parlant japonais sur l'ISS. Il est conçu pour éviter que l'équipage s'ennuie, mais c'est plutôt un jouet comparé à Asimo qui mesure 1m 30 et pèse 48 kg. Peut-être que certains robots deviendront des amis véritables… Seul l'homme confère une âme aux choses, cela depuis longtemps, du simple « doudou » transitionnel aux objets magiques du sorcier. Mais il reste un exécutant : il n'a pas d'éthique et ne fait pas les lois.
Un responsable du service robotique d'exploration planétaire du CNES, Jean Bertrand s'insurge : « Kirobo n'est franchement pas très utile. Les astronautes n'ont pas besoin d'un doudou ! Ils sont entraînés pour leurs missions ». Mais les robots ne se plaignent pas. Ils ne souffrent pas des conséquences osseuses, veineuses, musculaires, radiatives de l'impesanteur. Ils intègrent des contraintes dynamiques de 10 G ou plus et sont capables d'effectuer des tâches complexes.

Les robots peuvent donc être envoyés après de très courts délais de préparation et avec des budgets réduits. Comme toujours, l'argent est le nerf de la guerre. Les missions robotisées coûtent beaucoup moins cher que celles menées par des hommes. Les chiffres fournis par la *Jet Propulsion Laboratory* de Pasadena (Californie) sont éloquents : les Rovers martiens Spirit et Opportunity coûtèrent 900 millions de dollars sur cinq ans. Par comparaison, en trente ans, les 112 vols de la navette spatiale ont coûté 1,3 milliard par vol (!), soit au total : 145,6 milliards ! Ils ont, en outre, causé la perte de 14 personnes. On aura compris pourquoi la NASA encourage le secteur privé à développer des robots autonomes. Toutefois, le budget de la NASA reste de 18 milliards de dollars tandis que le budget européen plafonne à 4 milliards d'euros (chiffres de 2014).

Résultat ? Les robots vont continuer à partir avant les hommes. Ils les accompagneront sur Mars et resteront après aussi longtemps que cela sera nécessaire quand les humains reviendront sur Terre.
La NASA cherche à abolir la ségrégation dont les robots sont victimes par les humains : ils n'ont pas de conscience, pas de sentiment, leur intelligence artificielle est problématique même s'ils parviennent à accomplir des tâches d'une grande complexité. « Les robots explorateurs diminuent l'intérêt du grand public et par conséquent les crédits alloués et les sponsors aussi », signale Rodney Brooks, roboticien américain, directeur du Pôle Recherche en A.I. (Artificial Intelligence) du *Massachusetts Institute of Technology.* Voici pourtant trois nouvelles encourageantes :
- D'abord, un champion coréen du jeu de Go a été battu par une machine de la société *Deepmind* de Google. Le jeu de Go, comme le jeu d'échecs, est un symbole de l'intelligence humaine.
- Ensuite la voiture autonome sans chauffeur *GoogleCar* fait beaucoup moins d'erreurs que des conducteurs humains et diminuerait, dit-on, les accidents de… 90 % !
- Enfin *Nao Robot* a résolu un problème de logique classique *The King's Wise Men* qui est une version modifiée du Mystère des Coffrets de Portia qu'évoque Shakespeare dans *Le Marchand de Venise.* On annonce à trois robots que deux d'entre eux ont reçu une pilule qui rend muet (*dumbing pill*). L'un des trois robots parle alors, entend sa propre voix, la reconnaît et dit : « Je sais, je peux prouver que je n'ai pas pris de « dumbing pill ».
Certains robots ont donc la capacité de se reconnaître, d'être instruits, avisés, informés sur ce qu'ils sont, c'est déjà très bien, mais c'est tout. Ils sont « self-aware » et les ingénieurs en

Intelligence Artificielle leur reconnaissent « une faible lueur de savoir sur soi » (the faintest glimmer of self-awareness) qui est loin d'être une conscience, et encore moins une conscience de soi. Les sensations sont produites par des « tactil sensors », l'équilibre et l'audition par des « inertial sensors » et des « sonar sensors », mais nous devons faire la différence entre « prendre connaissance » (*to be aware of*) et avoir conscience de (*to be conscious of*). Mais laissons ces gadgets et revenons à nos robots spatiaux. Toutes les agences misent fortement sur le développement de la robotique et ses succès. Oui, incontestablement, les machines sont plus résistantes au froid, au chaud, au vide, aux chocs, pressions, torsions et parées pour travailler en milieu hostile.

Les robots assurent la maintenance sur le télescope Hubble. Ils prélèvent des échantillons d'astéroïdes et vont pouvoir creuser la surface martienne pour capter de l'eau. Ils permettent de très grandes avancées, car ils sont bardés d'instruments et sont plus autonomes. Mais il faut toujours préciser de quoi on parle. L'immense bras articulé de l'ISS (le « canadarm ») n'agit pas seul : il est piloté par les astronautes : 18 m de long, 7 articulations motorisées et 1800 kg (!) au sol. Il est impressionnant et fort utile. Mais sans la main de l'homme, ce bras motorisé n'est rien et ne fait rien. Les robots ont aussi besoin de nous dans certaines circonstances. Ils sont limités en énergie, en puissance malgré les piles atomiques et les panneaux solaires, mais surtout en intelligence et en conscience de soi.

« Si l'on avait envoyé des hommes à la place de Philae, le coût aurait été multiplié par 100 ! », souligne Jean Bertrand du CNES. Imaginez ! Plus de 17 millions la minute ! C'est le coût de chaque minute passée sur la Lune par les 12 astronautes pour un temps total de 80h32mn en tout et le programme

Apollo s'est élevé à 130 milliards de dollars actuels. Alors, mon conseil aux Juniors est le suivant : formez-vous en robotique ! C'est vraiment un emploi qui a de l'avenir et où la routine n'existe pas.

Comme il faut être pluridisciplinaire, vous pouvez évoluer très vite en touchant à tout : mécanique, électronique, informatique…, puis vous spécialiser en robotique ou en expertise « automatisme ».

Les grandes avancées se font en Europe, en Asie, en Russie, aux Etats-Unis dans l'industrie micro-électronique et nano-électronique. En France, il existe une forte demande des sociétés, des fabricants, des concepteurs dans le domaine de la « validation fonctionnelle » et de la robotique.

Il y a peu, l'Américaine Jody Williams, prix Nobel de la Paix (1997) s'est élevée, avec Stephen Hawking, Elon Musk et *Human Rights Watch*, contre l'usage des drones et des robots armés, utilisables en cas de guerre. Avec raison : il serait dommage que nos si précieux amis deviennent nos pires ennemis.

Rendez-vous en 2030 !

Mais laissons les robots et intéressons-nous aux personnes qui ont la fâcheuse tendance à toujours douter d'elles-mêmes, celles qui se sous-estiment alors qu'objectivement elles ont des compétences qu'il suffirait de mettre à profit. Dans ma profession j'en rencontre beaucoup, à l'hôpital évidemment, mais aussi à l'université. Alors je les booste : « Allez-y ! Foncez ! Vivez une aventure extraordinaire ! Osez rêver ! » C'est ainsi que je m'adresse parfois à mes étudiant(e)s à la fac. Beaucoup auront presque la quarantaine en 2030, autant dire l'âge limite pour partir sur la Lune ou vers Mars ! Quant à moi, avec la grâce des dieux et un bel entretien du physique comme du mental, j'approcherai quand même des quatre-vingts piges ! « Votre avenir, c'est cette partie de vous-même que vous n'êtes pas encore, cet échappement à soi… » disait le bon vieux Sartre, qui n'eut de cesse de préciser que « la réalité humaine se définit par les fins qu'elle poursuit »[48]. Autant dire les projets. Projets qu'il faut soutenir avec ardeur et persévérance, avec passion et raison. Avec aussi l'idée d'évolution et d'élévation de soi. Et souvent j'évoque la célèbre parabole de Nietzsche au début de *Par-delà le Bien et le Mal*. Tout être humain est initialement un peu comme un chameau contraint de porter les lourds fardeaux du passé, de la famille et des traditions. Puis, un jour, plus ou moins lentement, le chameau se métamorphose et devient un lion féroce, rugissant et sauvage. Enfin, le lion devient enfant, inventif, créateur, heureux de vivre. Pour chacun d'entre nous, « la phase du chameau », c'est la prime enfance qui est plutôt subie. Elle est

[48] Sartre J.-P., *L'être et le néant*, *op. cit.* p. 643.

apprentissage et obéissance. « La phase du lion », c'est la révolte adolescente où tout est remis en cause : les parents, la société, les valeurs éducatives, morales, etc.. C'est une phase de la vie (qui peut d'ailleurs durer longtemps chez certains) où l'on se hérisse, on s'insurge contre tout, on conspue les vieux et les traditions. Mais l'être humain n'est créateur que lorsqu'il retrouve dans l'avenir ses jeux sérieux et ses joies d'enfant naturel et spontané. Ainsi, sommes-nous potentiellement tous créateurs dès lors que nous sommes délivrés des faix d'un passé difficile, de la révolte du fauve qui cherche ses limites et veut en imposer au monde, pour retrouver notre créativité d'enfant rêveur et imaginatif. C'est ce que firent, dans le domaine d'une fiction devenue ensuite réalité, des personnes remarquables comme Jules Verne et Konstantin Tsiolkovski. La créativité mêle l'avenir à des expériences incroyables, des documents palpitants, de grandes et belles idées, des questionnements profonds, sur nos origines et sur l'origine de la vie, de la matière, de l'univers et c'est toutes ces passions qui nous donnent des ailes. Attention ! Chaque phase est nécessaire et pratiquement inévitable. Elle est aussi plus ou moins durable. J'ajoute qu'elle est sans intention mauvaise. Les parents qui se souviennent de leur enfance, de leur adolescence, des débuts de leur vie d'adulte ne sont généralement ni intransigeants ni magnanimes. Ils s'efforcent d'être justes, pour autant qu'ils se posent la question du devenir.

Les personnes créatrices sont audacieuses, inventives et ne rechignent jamais devant l'épreuve de force. Voilà pour la parabole de Nietzsche. Mais je rapporte aussi à mes étudiant(e)s « La légende de l'aiglon » qui donne à réfléchir et à rêver. Voici l'histoire : « Il était une fois un homme qui, se promenant dans la forêt, trouva à terre un jeune aigle. Il le ramena chez lui, le garda dans sa basse-cour et l'aiglon apprit très vite à picorer le grain des poulets et à vivre comme eux. Un jour, un savant qui passait par là demanda au propriétaire comment un aigle, oiseau royal, pouvait être enfermé dans la basse-cour avec des poulets.

- « Puisque je l'ai nourri comme un poulet et dressé comme un poulet, il n'a jamais appris à voler, dit-il. Il se comporte comme un poulet, ce n'est plus un aigle, monsieur.

- Pourtant, insista le savant, il a bien un cœur d'aigle, du sang d'aigle, des ailes et une constitution d'aigle. Il peut sûrement apprendre à voler ! »

Les deux hommes discutèrent longtemps et finalement se mirent d'accord pour savoir si cela était possible. Le savant prit doucement l'aigle dans ses bras et chuchota :

- « Tu appartiens au ciel, aux étoiles, aux nuages et au vent, non à la terre et aux cailloux. Déploie tes ailes et vole ! »

L'aigle, troublé, ne bougea pas. Il avait entendu, mais hésitait sur sa véritable nature. Puis, voyant picorer les poulets, il les rejoignit d'un bond.

Le lendemain, sans se décourager, le savant emporta l'aigle sur le toit de la ferme et l'exhorta à nouveau :

- « Tu es un aigle. Les cimes et le ciel sont à toi ! Regarde au-dessus de toi, déploie tes ailes et vole ! ».

L'aigle hésitant fit frémir ses ailes, trembla, mais resta accroché à l'homme. Il avait peur de s'élancer et doutait au fond de son identité. Puis il redescendit manger avec les poulets.

Le troisième jour, le savant se leva tôt et emporta l'aigle très loin de la basse-cour sur une haute montagne. Là, il tint l'oiseau royal au-dessus de sa tête et l'exhorta encore :

- « Tu es un aigle. Oui, tu as appartenu à la terre quand tu étais petit, mais, crois-moi, tu appartiens aussi au ciel. Alors, maintenant ose déployer tes ailes et vole ! ».
L'aigle regarda autour de lui, aperçut au loin la basse-cour puis dirigea son regard vers le ciel. Mais il ne volait toujours pas. Alors le savant éleva son bras très haut vers le ciel et l'exhorta encore. L'aigle se mit à trembler, se redressa et lentement déploya ses ailes. Enfin, le savant, que je nommerai Buridan, parce qu'il avait fait la même chose avec un âne, impulsa à l'animal un geste léger. L'aiglon poussa alors un cri libérateur, s'éleva vers les cimes et disparut dans les airs.
Peut-être l'aigle se souvient-il encore avec un peu de nostalgie des petits poulets de la ferme ? Peut-être revient-il parfois visiter la basse-cour… Mais pour autant qu'on le sache, il ne retourna jamais à la vie de poulet. Car même s'il avait été élevé comme un poulet, c'était un aigle ! ».
Auprès de mes étudiant(e)s, cette fable de James Aggrey a autant d'impact que la parabole de Nietzsche. Et je sais que parmi celles et ceux qui font des études sérieuses, qui s'investissent à fond et avec persévérance, il y a de véritables « aiglons ». C'est ainsi que Sergueï Korolev, le père de l'aéronautique soviétique des « années Gagarine », nommait les premiers astronautes.
Et franchement, à l'université ou ailleurs, ces aiglons j'aimerais bien les revoir en 2030 !

« L'Odyssée » avec ou sans retour

I) L'Odyssée avec retour

L'aigle américain, quant à lui, est déterminé à partir pour Mars. Le 22 mars 2017, le président Donald Trump a validé le projet de la NASA par un texte de loi qui a été adopté à l'unanimité par le Sénat et la chambre des représentants. Un choix qui offre des perspectives commerciales et scientifiques intéressantes. La loi stipule : « La NASA devra poursuivre le développement du lanceur SLS et du véhicule spatial Orion, afin de permettre l'exploration humaine de la Lune, de Mars et au-delà, au cours de ce siècle ».

Donald Trump a laissé transparaître sa détermination et son impatience d'une façon qui a dérouté tout le monde. En effet, quelques jours après l'adoption de ce texte de loi (comme s'il l'avait oublié ou comme s'il voulait accélérer les choses), il s'entretenait avec la collègue de Thomas Pesquet, l'Américaine Peggy Whitson pour la féliciter d'avoir battu le record américain de jours cumulés dans l'espace (534 j) et, tandis qu'elle lui répondait en direct de l'ISS, il déclara qu'il voulait qu'un compatriote soit sur Mars avant... 2024 ! Or, la mission prévue par la NASA se situe plutôt vers 2033...

Boutade, lapsus ou déclaration naïve ? Les journalistes notèrent seulement que 2024, c'est juste avant la fin de son éventuel deuxième mandat... Les scientifiques et les ingénieurs pensent qu'avant 2030, ce projet audacieux est très irréaliste, même s'il se faisait dans le cadre international. D'ailleurs le programme lunaire est maintenu. Il est, en effet, peu probable qu'un véhicule spatial pour Mars décolle directement depuis la Terre. Il partira de la Lune ou bien il sera assemblé en orbite

basse. Le projet du président de la *Mars Society*, Robert Zubrin est, en revanche, très étudié. Il se nomme *Mars Direct.* Il est justifié par la découverte d'eau salée liquide qui pourra être traitée pour la consommation humaine.
On peut le décrire en trois phases.

1) **Phase 1 : nommée *Earth Reliant*,**

Il s'agit de mettre au point les technologies nécessaires à ce long voyage Terre-Mars. Il faut parvenir avant tout à réduire les risques pour les astronautes sur le plan de la santé. Cette phase doit permettre la fabrication par l'ISRU (*In Situ Ressource Utilisation*) du carburant nécessaire pour un retour prévu sur Terre.

2) **Phase 2 : *Proving Ground*,**

Des astronautes quitteront l'orbite basse pour des séjours de plusieurs jours entre la Terre et la Lune. Il faut que les conquérants soient indépendants des ressources de la Terre. Cela signifie que les astronautes puissent disposer d'un support de vie en boucle fermée, plus performant que l'actuelle ISS qui nécessite un ravitaillement tous les trois mois. On envisage la capture d'un astéroïde pour l'amener à proximité de la Terre.

3) **Phase 3 : nommée *Earth Independant*,**

A ce stade, il faut que l'eau, l'oxygène et le carburant nécessaires pour le retour sur Terre soient fabriqués sur Mars et que le temps mis par les messages Terre-Mars ne soit pas supérieur à vingt minutes. L'administrateur actuel de la NASA, Charles Bolden a récemment déclaré : « Les Etats-Unis n'ont jamais été aussi près de donner le feu vert à l'envoi d'une mission habitée sur la planète rouge ». Telle est l'Odyssée pour Mars avec retour, car dès la phase n° 1, on envoie un *ERV* (*Earth Return Vehicule*) sur Mars qui arrivera six mois plus tard, puis un second comme l'explique Aldrin dans *Mission to Mars*, qui arrivera vingt-huit mois plus tard.

II) L'Odyssée sans retour

Mais il y a plus empressé que Donald Trump ou Charles Bolden et aussi, comme l'a dit Jean-François Clervoy, plus « loufoque »... C'est une équipe hollandaise à l'origine du projet « Mars One », entendez, Mars aller-seulement ! Ce projet de départ sans retour lancé en août 2013 a tenté de par le monde... 200 000 candidats ! (Exactement 202 586 selon l'Agence France Presse). Il y a 25 % d'Américains, beaucoup de Brésiliens, d'Indiens, de Britanniques et... 1 % de Français ! Ils ne sont pas si fous... ces Gaulois !
A l'origine de ce projet, la volonté d'un homme d'affaires spécialiste des *Reality shows* télévisés désireux de créer en direct « le plus grand spectacle médiatique de l'histoire » ! Le projet-fou de ce producteur de télé, qui a réussi à obtenir la caution d'un prix Nobel de physique, est de filmer tout, comme dans le « Loft » ou « Koh-Lanta » et de récolter des profits conséquents en utilisant l'intérêt du grand public pour l'espace.
En quoi consiste ce projet stupéfiant qui se veut médiatique ? Il commence d'abord par la sélection d'une dizaine d'équipes de quatre personnes qui doivent s'entraîner comme des astronautes, mais sans espoir de retour ! L'objectif est d'envoyer quatre puis huit et, au total, vingt personnes sur la planète rouge : ils devront faire pousser des plantes pour s'alimenter, s'organiser pour avoir de l'eau, de l'oxygène, de

l'énergie, construire des installations. Ils devront travailler avec *Space X* dont le fondateur est Elon Musk, créateur de PayPal.
L'objectif est très audacieux, mais pas complètement suicidaire, car les explorateurs posséderont un rover, plusieurs modules de support de vie et des installations robotisées produisant de l'énergie à partir de panneaux solaires. Selon le plan de l'instigateur, Paul Römer, pionnier du genre TV-réalité, l'entraînement dans un désert tenu secret (!) constituera déjà un spectacle en soi. L'arrivée d'un autre groupe pourrait permettre la fabrication de carburant et d'un lanceur pour éventuellement... revenir sur Terre. Et cela, justement, avant 2024 comme le voudrait le président Trump, c'est à dire avant la fin de son éventuel deuxième mandat.

La psychologie des motivations pour être pionnier et colonisateur repose sur un slogan de Robert Zubrin : « Hard work, no pay, eternal glory ». Vu de cette manière, le pari des audacieux n'est pas plus fou que l'aventure des nombreux explorateurs de continents comme Vasco de Gama, Marco Polo, Christophe Colomb et dont beaucoup donnèrent leur vie pour découvrir une Terre nouvelle. Un grand nombre osèrent à l'époque un voyage sans retour. Quant au « spectacle », il peut paraître choquant, mais il est moins cruel que les combats de gladiateurs de la Rome antique, contraints de saluer l'Empereur par ces mots : *Ave Caesar ! Morituri te salutam !*[49], car les gladiateurs du Colisée, eux, étaient rarement des volontaires.

---

[49] « Salut à toi, César ! Ceux qui vont mourir te saluent ! »

Demain se prépare aujourd'hui

En attendant ces futurs exploits possibles, nous cherchons sur Terre à savoir comment notre système solaire s'est formé. Souvenons-nous qu'en 2004 la sonde *Rosetta* a été lancée. Elle a mis dix ans avant d'arriver sur la comète *67.P* et c'est donc, après avoir largué son atterrisseur Philae, qu'en 2014 nous avons commencé à avoir des informations importantes. On le voit, explorer l'espace prend beaucoup de temps. En 2018 *Météosat* nous donnera des informations sur les vents, les courants, les nuages pour notre plus grand confort. En 2018 aussi, un Rover doit être envoyé sur Mars pour y forer le sol jusqu'à deux mètres de profondeur, histoire de savoir beaucoup de choses précieuses pour la survie d'un humain. Actuellement se prépare l'envoi de *Bepi Colombo* qui devra voyager sept ans avant d'explorer Mercure, la planète la plus proche du soleil avec, dans la journée, du beau temps assuré pour les amateurs de bronzette, puisqu'il ne fait pas moins de 450° Celsius ! Aux amateurs, n'oubliez pas le monoï et les lunettes de soleil !

Deux sondes américaines ont déjà survolé Mercure, *Mariner 10* et *Manager* pour en savoir plus sur la surface et le champ magnétique. En 2018 également doit être lancé le *James Webb Space Telescope* succédant au vieux *Hubble* afin de voir les galaxies les plus éloignées. La NASA et l'agence canadienne travaillent sur ce projet actuellement. En 2020, le satellite Euclid de l'ESA sera lancé pour tenter d'élucider le mystère de la matière sombre. En 2022, la sonde spatiale de cinq tonnes *JUICE* (abréviation de *Jupiter Icy Moons Explorer*) sera propulsée par une fusée Ariane V pour un voyage de dix ans en direction de Jupiter ! Elle n'arrivera qu'en 2032 ! Son objectif sera d'étudier cette planète et ses trois lunes glacées, Callisto, Europe et Ganymède. Là aussi, pour savoir ce qui est exploitable pour les inconditionnels de sports d'hiver rigoureux ! L'agence européenne enverra en 2024, deux télescopes spatiaux Chéops et Plato pour savoir si des exoplanètes sont habitables. Je m'arrête là, mais les projets sont nombreux et prometteurs. Vous pouvez, entre autres, consulter librement la bibliothèque des projets du Centre National d'Etudes Spatiales (CNES).

Sur le plan des événements sportifs, nous venons d'apprendre que la France organisera les Jeux Olympiques en 2024 et c'est cette année (2017) que cela se joue. Et c'est maintenant que cela se joue. Il est important de savoir que, pour certains événements, il faut prévoir très longtemps à l'avance. De même pour les missions lointaines, c'est dès maintenant qu'il faut recruter les jeunes cerveaux qui feront avancer les recherches. Il y a du travail pour tous dans les domaines les plus variés. Certes, ce qui intéresse les jeunes c'est surtout l'envol d'un humain dans les cieux infinis. Il est du ressort de tous de donner le maximum d'informations scientifiques, mais la psychologie et la pédagogie ont leur place. Les enfants qui naissent aujourd'hui (2017) n'auront que 83 ans en l'an 2100 !
Il est bon de connaître au plus tôt les qualités qu'il faut avoir pour être un bon « exploration companion » comme le dit B. Aldrin.

Toujours envisager l'avenir et non ressasser éternellement le passé en croyant naïvement qu'il se répète à l'identique, c'est le principe de la psychanalyse existentielle. Encore faut-il comme je l'ai dit plus haut, se créer avec réalisme un « univers des possibles ». Et le rôle d'un psychologue n'est pas seulement d'évaluer les multiples capacités individuelles, mais d'intervenir activement dans l'aménagement et la réalisation du mieux-être de chacun avec tous. Bien sûr, nous l'avons vu, il faut *savoir* un certain nombre de choses. En voici quelques-unes que je résume ici :

- Vous serez pendant assez longtemps éloignés de votre famille, mais vous aurez heureusement de multiples moments où vous pourrez les contacter comme sur Terre par webcam de style Skype.

- Vous devrez vivre en petits groupes et parfois en être agacé. Des frictions peuvent en effet apparaître à la longue, mais vous savez aussi que vous vivrez des moments formidables, inoubliables, inénarrables.

- Vous devrez supporter le confinement dans un espace réduit, mais vous pourrez aussi vous donner les moyens d'avoir un petit « chez soi », car sur l'ISS, par exemple, chacun possède sinon sa « chambre », du moins un espace personnel d'intimité.

- Vous n'aurez pas de réelle possibilité d'évacuation en urgence, mais l'aide, disons « extérieure », sera celle de la base qui vous suit sur Terre (en fait, il y en a plusieurs qui se relayent jour et nuit) et éventuellement l'aide d'un médecin à bord ou de la télémédecine.

- Vous aurez peut-être des moments d'ennui, de fatigue après un travail intense à bord, mais vous pourrez écrire, lire, écouter de la musique, emporter avec vous votre « doudou » (Claudie Haigneré avait son nounours et son collier de perles porte-bonheur avec elle) et vous pourrez compter aussi, dans les moments de nostalgie sur l'aide éventuelle, pourquoi pas ?, d'un(e) psychologue à bord !

- Comme je l'ai montré dans *L'Inachevé*[50], le travail d'un psy est aussi, quand il y a friction, d'aplanir les conflits éventuels qui peuvent devenir gênants pour la mission, en les rendant intéressants et structurants comme en sport. Les conflits itératifs et délétères (on dit structurés et déstructurants) peuvent être anticipés et déjoués habilement pour qui connaît un peu la dynamique des groupes restreints et la gestion loyale et fair-play de l'adversité qui prévaut en judo, en tennis ou en karaté par exemple.

La confrontation n'est pas l'affrontement, et toutes sortes d'émotions positives peuvent être suscitées par la musique que l'on choisit, par une image, une peinture, une photo, une lettre même ou tout autre objet appartenant à une personne aimée. Autant d'éléments qui vous libèrent, par le rêve, de l'univers souvent peu romanesque de *l'Homo technologicus* nécessairement perfectionniste. L'immense peintre Modigliani est de bon conseil : « Ton devoir réel est de sauver ton rêve ! »

C'est cela que j'ai tenté de rendre sensible à des enfants, des adolescents et des adultes pendant quarante ans de vie professionnelle. D'abord en exerçant dans un centre de guidance infantile (de 1977 à 1992), puis avec des personnes en souffrance en psychiatrie de l'adulte, en tant que soignant,

---

[50] Lorin C., *L'Inachevé*, Paris, Grasset, 1984.

puis en tant que journaliste scientifique intervenant chaque semaine à la télévision pendant cinq minutes en direct sur Antenne 2. J'animais alors la toute première chronique de psychologie dans le cadre de l'émission *Télématin* avec William Leymergie, Roger Zabel, et parfois Julien Lepers.

Chronique de psychologie sur Antenne 2
Photo : Edouard Sicot (Paris-Match)

Cinq minutes d'antenne donc chaque semaine en direct de 1985 à 1988, puis dans différentes émissions où il s'agissait de décrire, d'évaluer et d'expliquer comment déjouer les conflits familiaux ou professionnels et de conseiller les protagonistes. Jusque dans les années 1990, je suis intervenu comme conseiller à la télévision et dans différents journaux[51]. Il s'agissait alors de présenter, en les relativisant et en les rendant accessibles au grand public des concepts essentiels pour construire l'avenir, comme par exemple, l'indépendance affective, l'autonomie psychique, l'adaptation active, qualités indispensables à qui veut faire face à des situations difficiles.

William Leymergie et Claude Lorin sur le plateau d'Antenne2 (1988)
Photo : Edouard Sicot (Paris-Match)

J'évoquais déjà à l'époque l'importance vitale du stress, aujourd'hui si décrié, la nécessité d'être souvent « tendu » pour se sentir vivant, accomplir de grandes choses et s'adapter à des stimuli nouveaux. Je crois toujours utile actuellement d'insister sur l'aptitude au travail en groupe en étant « sous pression » justement comme au judo ou au tennis, sur les

51 Pour les mensuels : « Parents » (1977-1988), « Enfant magazine », et l'hebdomadaire : « Le Pèlerin » (1985-1990). Pour les chroniques « c'est pas juste » (FR3) et « Femme-femme » (1988-1990).

frustrations à vaincre, sur la confiance en soi et le respect de l'autre, sur le concept d'agressivité, qui est une expression normale, nécessaire et naturelle chez tout être humain comme chez l'animal et qui est si souvent mal interprété.

C'est précisément en évoquant les sports duels (tennis, escrime, arts martiaux, etc.) que je parvenais à convaincre les téléspectateurs du fait que l'agressivité ne doit pas être refoulée ni être réduite à l'hostilité. Trop souvent aujourd'hui encore, les gens confondent l'un et l'autre, ce qui est une erreur grave tant du point de vue de l'interprétation que du jugement critique et de ses conséquences.

Explication du test de Rorschach sur le plateau d'Antenne2 [52](1988)
Photo : Edouard Sicot (Paris-Match)

[52] L'animateur Roger Zabel avec Claude Lorin, expliquant l'utilisation du test de Rorschach sur Antenne 2 (1986). Claudie Haigneré confirme l'utilisation de ce test et de nombreux autres dans son livre déjà cité (p. 54).

J'ai présenté aussi aux téléspectateurs des bilans diagnostiques permettant, par exemple, de ne pas confondre « agressivité » et « agression » : le test des taches d'encre de Rorschach, utilisé en sélection dans l'industrie et en entreprise est utile pour cela et Claudie Haigneré confirme son utilisation auprès des candidats pour devenir astronaute. Le test de Rosenzweig permet lui d'évaluer la résistance aux frustrations. Je précise que je n'ai jamais donné à l'antenne ce que l'on nomme les « bonnes réponses » aux tests, cela pour des raisons scientifiques et éthiques. Aujourd'hui, plus que jamais, une place importante doit être réservée à la fonction éducative des astronautes en culotte courte. Une émission entière sous forme de reportage eut lieu dans la salle « Astronomie » du Palais de la Découverte à Paris. C'était pour moi, il y a 30 ans déjà, une occasion de sensibiliser collégiens et lycéens à l'avenir de la conquête spatiale. De constater aussi que tous les enfants rêvent de voyager en contemplant la Lune et le ciel étoilé. Actuellement encore, malgré l'abondance sur le marché des jeux vidéo, beaucoup ont lu *Objectif Lune*, et au-delà de Tintin, des livres d'aventures comme *Voyages extraordinaires* ou *Vingt mille lieues sous les mers* de Jules Verne. Lors de plusieurs émissions, c'est *De la Terre à la Lune* (1865) qui servit de base de discussion et de questions.

En littérature générale au lycée, Jules Verne, quand il est évoqué, est considéré comme un auteur mineur par rapport à Hugo ou Stendhal, ce qui est bizarre et injuste, car il est l'auteur français le plus traduit dans le monde. Son premier roman, *Cinq semaines en ballon*, destiné à la jeunesse, connut en France un immense succès à sa sortie tandis que *Le Rouge et le Noir* eut à l'époque fort peu de critiques.

Je me souviens avoir répondu à des interrogations étranges de la part d'enfants et d'adolescents. Par exemple, « Je suis gauchère », est-ce un handicap pour partir dans l'espace ? Eh bien non ! Dans l'espace, pas plus que sur Terre ce n'est un problème. De plus, la droite, la gauche, le haut, le bas sont des notions que l'on tente de maintenir artificiellement lors des vols spatiaux afin de ne pas se déshabituer des repères habituels au moment du retour sur Terre.

Je me souviens, pendant toutes ces années, avoir reçu des centaines de lettres à Antenne 2. Il y avait effectivement des handicaps possibles, mais qui pouvaient être passagers et qui s'exprimaient ainsi : « l'avion le terrifie », « il est douillet », « elle sursaute au moindre bruit », « il craint qu'on l'abandonne », « elle n'est jamais à l'heure », « il a des trous de mémoire », « ses cahiers sont de vrais torchons », etc. Il est vrai que si, pendant toute la scolarité, de tels problèmes persistent, l'enfant a peu de chance d'avoir… l'étoffe d'un héros. Mais ce qui est vraiment rédhibitoire pour aller dans l'espace, c'est surtout l'inattention, la maladresse, le mensonge, la mythomanie, l'instabilité, l'irritabilité, la dépendance affective (mais bien sûr aussi la dépendance au tabac, à l'alcool, aux drogues) ainsi que des problèmes psychologiques liés à l'image du corps, à des traumatismes physiques ou psychiques, et surtout à une intolérance aux frustrations. Les enfants pleurnicheurs, geignards, fabulateurs, grossiers, angoissés auront vraiment intérêt à changer de caractère à l'adolescence, mais après tout il suffit souvent de le décider et de s'y tenir. J'ai été confronté aussi à des parents qui me disaient : « Ma fille lit vraiment tout et n'importe quoi », ou bien « elle passe son temps sous l'eau et se prend pour un poisson », voire encore « mon fils est un vrai casse-cou » ou « il prend des risques en montagne ». J'ai répondu que ce qui était présenté comme un défaut pouvait être plutôt un avantage qu'un inconvénient pour l'avenir. Il est bon d'être sportif et cultivé. Quant aux ressorts de tout apprentissage, ce sont la curiosité, l'imitation, un idéal et un projet qui, grâce à une perspicacité indéfectible, offre une perspective d'avenir enthousiasmante. Il faut avoir une « right mental attitude » comme le dit Aldrin. Quant aux difficultés que chacun devra affronter dans l'avenir, il faut se préparer à les vaincre en s'inspirant non pas tant d'Epicure (chaque chose en son temps…), mais de Marc-Aurèle qui, il y a vingt siècles, déclarait à un ami : « Sers-toi des obstacles qui surviennent pour pratiquer une autre vertu »[53]. Ces pensées du passé peuvent ouvrir bien des voies.

Les psychologues prennent en compte chez l'enfant le système adaptatif et le système conservatif. Confronté à un obstacle ou une nouveauté, l'être humain s'adapte. Savoir cela compte vraiment beaucoup dans cette adaptation. Face à une porte automatique de grand magasin qui s'ouvre brusquement, le grand physicien Archimède aurait sans doute pris peur et invoqué peut-être l'action de quelque divinité. Vous qui êtes adapté(e) au monde contemporain, vous « savez » que cette porte n'est pas actionnée par les dieux et vous ne craignez rien. Mais attention à votre système conservatif basé sur l'habitude, lequel a intégré l'ouverture des portes dès que vous avancez. Car si le dispositif automatique est en panne, vous risquez de prendre la porte vitrée dans la figure.

Le système conservatif, fait d'automatismes, est aussi essentiel à notre survie que le système adaptatif. Nous avons appris à marcher, à nous alimenter, à respirer sur Terre et il faut tout réapprendre dans l'espace en situation d'impesanteur. Quand on partira dans l'espace intersidéral vers Mars, Phobos ou

---

[53] Marc-Aurèle, Pensées VI, in *Les Stoïciens*, *op. cit.*, p. 1188.

Jupiter, il faudra s'adapter à un nouveau milieu et en même temps conserver les réflexes acquis pour vivre à nouveau sur Terre. Et tout cela se prépare.
C'est ainsi que les astronautes doivent faire beaucoup d'exercices physiques pour conserver les réflexes nécessaires lors du retour sur notre planète. Ceux qui perdent le bénéfice des acquis sont ceux qui n'anticipent pas suffisamment le retour et la réadaptation au milieu initial qui est celui du plancher des vaches !

Pour finir sur ces questions de pédagogie, j'aimerais évoquer une de mes confrontations avec des parents de collégiens et de lycéens. Une mère de famille me dit un jour : « Ma fille de huit ans s'enferme souvent dans sa chambre. Elle est timide, elle parle toute seule, se raconte des histoires à dormir debout et elle a des lubies, par exemple, elle veut dormir par terre dans sa chambre, alors qu'elle a un bon lit, elle déteste qu'on la prenne en photo ou qu'on la filme… ». Après avoir discuté avec cette maman, j'ai découvert que sa fille était brillante à l'école, quoique toujours inquiète de ses résultats. Sa fille était sportive et très « bosseuse ». J'ai alors repris avec elle ces éléments qui en fait ne sont pas des handicaps. Aimer s'isoler dans sa chambre, dormir par terre, se raconter des histoires à « dormir debout », c'est un bon début pour devenir astronaute !

Des peurs ? Il y en a à tout âge. Claudie Haigneré, maniant l'oxymore, comme Aldrin avec sa fameuse « magnificent desolation », parle de « délicieuses terreurs » à propos de la centrifugeuse et du tabouret tournant. Et notre première Française dans l'espace a raison d'affirmer que les peurs sont exploitables. Elle se décrit elle-même comme une enfant ayant toujours été « discrète, timide et réservée ». Elle était, dit-elle dans son livre, « anxieuse, introvertie et manquant de confiance en soi »[54]. Elle n'obtint par ailleurs qu'une mention « Bien » à son bac. Et alors ? Comme je l'ai montré dans *Eloge de nos angoisses*, l'enfance ne détermine rien de définitif. Elle confie aussi qu'elle détestait se faire prendre en photo : elle s'est adaptée et a su dépasser tout cela. L'enfance d'une héroïne apprend beaucoup à l'humanité. Elle ne s'est jamais plainte. Adolescente, elle a dominé ses craintes et n'a jamais failli. Aldrin écrit sans ambages : « The future is not for fainthearted, but for brave ». Conclusion : on peut avoir eu des craintes d'enfant puis ensuite faire preuve d'un incroyable courage et devenir une héroïne. Mais certes, ça se travaille et ça se mérite !

[54] Haigneré C., *op. cit.* p. 22-23.

Epicure à la rescousse

Avoir réussi à passer de dures épreuves et enfin partir pour les étoiles c'est une expérience sublime rapportée par tous. L'immense plaisir de découvrir de si loin notre planète est une récompense suprême pour être parvenu à maîtriser tous les travaux herculéens nécessaires. « Vue de l'espace, note Claudie Haigneré dans son *Journal*, la Terre est un spectacle très exotique, constitué d'un mélange de formes à la fois connues et étranges, car faisant penser à tout autre chose que la géographie. Le spectacle est toujours grandiose et jamais répétitif. Toutes les nuances de couleurs, des plus vives aux ocres contrastés, s'offrent au regard du voyageur du Cosmos, constituant un terrain propice au rêve et aux sentiments épicuriens »[55].

Elle précise : « Tout cela, mes camarades cosmonautes me l'avaient longuement décrit, mais j'avais hâte de le vivre moi-même… Ce fut une expérience fabuleuse ». Puis elle ajoute : « Se fixer un but comme celui-là est vital quand on a été éclaboussé du bonheur unique que procure la réalisation d'un rêve fou ». Et puis, pour rester proche d'Epicure que l'on nommait *l'Homo Gaster* parce qu'il aimait satisfaire sa gourmandise, il y a maintenant dans l'espace de bons petits plats fort bien mijotés pour agrémenter ce moment de plaisir que constitue un excellent repas en commun dans l'ISS.

Claudie Haigneré décrit un de ses sacrés petits gueuletons spatiaux préparés par d'excellents chefs cuisiniers supervisés toutefois par des nutritionnistes : tomates confites, joue de bœuf, espadon à la provençale, caille ou confit de canard aux

---

[55] *Une Française dans l'espace, op. cit.*, p. 165-166.

câpres, calmar à l'armoricaine avec comme dessert semoule aux abricots ou riz au caramel… ». « L'impact psychologique est très important, poursuit-elle, car le repas est un des rares moments de plaisir et de retrouvailles »[56]. On apprend aussi que Jean-Loup Chrétien eut le droit à quelques boîtes de *La Comtesse du Barry* et Patrick Baudry à du civet de lièvre à l'alsacienne, du pâté au poivre vert et, pour finir, des pâtes de fruits qu'il fit valser pour s'amuser en impesanteur, puis goba en plein vol ! Baudry est un bon vivant bien qu'il ait été à la dure école des Stoïciens. Après avoir rencontré à Pauillac l'épicurien Jean-Michel Cazes, il a emporté, dit-on, quelques pipettes d'un excellent vin au prétexte de savoir comment le vin de Bordeaux vieillit en impesanteur ! Il s'est toutefois heurté à l'opposition de quelques avocats américains qui lui interdirent d'utiliser, pour faire de la publicité, l'appellation « Vin de l'Espace ». Mais d'autres projets « spatio-vinicoles » sont en vue.

A propos de vin et d'alcool, nous savons qu'ils sont normalement « interdits » par les équipes médicales et le règlement. Mais nul n'ignore que l'on trouve parfois quelques fioles sur la route des étoiles : on accuse évidemment les Russes, mais les autres ne semblent pas en reste ! « Quelques verres de vodka et quelques cigarettes passent discrètement de temps en temps, cafte Claudie Haigneré, cela pour donner des airs de fête au quotidien, tout le monde le sait, on préfère fermer les yeux sur ces petites incartades »[57].

Nous ne savons pas grand-chose côté américain et côté européen sinon qu'ils ont aussi le sens des fêtes joyeuses et des anniversaires arrosés. On se souvient que les astronautes

---

56 *Ibid.*, p. 208-209.

57 *Ibid.*, p. 163.

d'Apollo 9, James Mc Divitt, David Scott et Russell Schweikart entonnèrent les premiers, le 8 mars 1969, un joyeux « happy birthday to you ! » pour Christopher Kraft qui était alors directeur des opérations en vol ! Il n'est pas douteux par ailleurs, que la microgravité crée des sensations puissantes d'euphorie quand on sait la jubilation qu'éprouvent certains casse-cou en chute libre, et quand on voit des photos de participants en vols paraboliques ou d'astronautes hilares qui sont disponibles sur les sites de la NASA.

Des scientifiques de Skylab ont joué comme des enfants sur un manège en situation de micropesanteur. Certains chercheurs tentent de percer le mystère de ces plaisirs en utilisant un casque neuronal. Celui-ci évalue les signaux électriques, calcule les fréquences d'ondes susceptibles de révéler les émotions ressenties qu'elles soient négatives ou positives. Une tentative des neurosciences pour essayer de quantifier le plaisir humain, certes, mais que saurons-nous de sa qualité ? C'est un très vieux débat qui commence avec *La Lettre à Ménécée* d'Epicure et se poursuit avec *La Fonction de l'orgasme* de Wilhelm Reich, avec *Eros et civilisation* de Herbert Marcuse, ou avec *Jouir* du prêtre de la bioénergie, Alexander Lowen, et cela sans pour autant avoir été résolu.

Epicure s'invite aussi souvent lors des repas communs pris en orbite. Thierry Marx s'est allié à Alain Ducasse, deux chefs français étoilés en gastronomie, pour la joie des papilles de tous les astronautes. On n'utilise pas de couteau ni de fourchette, mais l'on goûte les bons plats à la petite cuillère. Plus de cent plats sont à déguster sur l'ISS : entrées, viandes, poissons, légumes, féculents, tartes salées, cakes, crèmes dessert sont à apprécier lors d'un repas commun quand c'est possible. Tous ces plats pour agape en milieu spatial sont testés et goûtés avant le départ. A cause du travail scientifique intensif à réaliser et du temps de repos restreint, le rythme de trois repas par jour pris tous ensemble n'est que rarement respecté. Chacun vaque à ses occupations, mais heureusement, une fois par jour, il est possible de faire bombance ensemble ainsi que lors de fêtes, d'anniversaires, à Noël et le Jour de l'An… Nous savons peu de choses sur des événements « terrestres » comme Pâques (où aller chercher les œufs, les poissons et les cloches ?), la Saint-Valentin pour les amoureux et Halloween pour les nostalgiques du « train fantôme ».

Jean-François Clervoy a organisé, très sérieusement et officiellement, un repas festif, chacun devant apporter une spécialité de son pays. Il nous précise que le foie gras se déguste à la mexicaine sur des tortillas (!), car le pain de seigle aux figues fait des miettes ! On réchauffe donc les tortillas dans un four spécial avant dégustation. Le champagne et les bons vins se boivent… à la paille !

On ne peut guère suspecter les Russes d'être des adeptes d'Halloween et pourtant, même en dehors de la fête des Morts, ils adorent s'amuser et faire des farces. Quant à Michel Tognini, qui était Général de la brigade aérienne de l'Armée de l'air française et qui est l'actuel directeur du Centre Européen des Astronautes (EAC), il ne dédaignait pas, malgré le sérieux de sa formation et de ses fonctions, faire avec bonne humeur de vraies blagues de potache. Claudie Haigneré raconte : « Michel Tognini avait apporté un masque d'horreur… Youri est arrivé derrière moi, discrètement, avec cet immonde masque sur le visage pendant que je faisais une expérience et j'ai hurlé ! J'ai mis cinq minutes à m'en remettre et tout le monde a bien ri ! »[58].

---

[58] *Op. cit.* p. 242.

Tous les astronautes s'accordent à dire que le goût et l'odorat sont modifiés en impesanteur. De toute façon, bu à la paille, n'importe quel bon vin verra son goût et son arôme modifiés même sur Terre. Essayez donc de déguster un excellent Pauillac dans un gobelet en plastique ! Quant à tous ces bons vins forcément dénaturés quand ils humectent les papilles, il est évident qu'ils ont uniquement une valeur de symbole pour un événement à fêter. Car boire de l'alcool en impesanteur, c'est prendre des risques physiques et psychiques importants. « Lors d'un de mes séjours, confie Clervoy, nous avons bu environ un demi-litre à dix en cinq jours… C'est très dangereux de boire de l'alcool, car les effets sont plus rapides dans l'espace ». Mais le plus grand plaisir est celui, très enfantin, qu'évoque Epicure dans sa *Lettre à Pythoclès* : la contemplation de l'univers qui nous procure une saine ivresse. Le plaisir de voir, à l'origine du plaisir de savoir et de penser est proche, non pas du simple bien-être, mais de l'extase paradisiaque que les Grecs nommaient *Eunoïa.* Cela vous procurera aussi cette sensation si vous partez ! « L'impression d'être tout seul dans l'Univers, c'est très fort ! », clame Jean-François Clervoy. Quant à Claudie Haigneré, elle confie : « Je vois la pleine Lune dans la nuit noire éclairée de millions d'étoiles ! C'est incroyable. Cela n'a rien à voir avec nos cieux même les plus beaux, car ici, il n'y a ni nuages ni atmosphère et la vision est totalement limpide. C'est féérique… Cela semble irréel. A regarder une telle magie en écoutant du Schubert ou du Beethoven, j'ai eu des frissons dans le dos, c'est grisant ! »[59].

L'impression esthétique est puissante, l'émotion intense, la vision sans limites, comme l'Univers. Et il est difficile

---

[59] *Op. cit.* p. 242

d'envisager une fin à ce sentiment unique et extatique. « La fin de la mission approche, poursuit-elle, et je n'ai pas envie de rentrer. Bien sûr, je suis heureuse de retrouver ceux que j'aime, surtout Jean-Pierre, mais ce que l'on ressent ici est tellement fort, tellement unique, que l'on ne veut pas que cela s'arrête ». Mais le principe de plaisir est limité comme l'a montré Epicure vingt siècles avant Freud !

Epicure, en effet, nous aide, en matière de plaisir, à conférer des limites et des seuils à ne pas dépasser. Il dédie à des amis chers trois lettres fameuses dans lesquelles il expose sa théorie de la connaissance (*Lettre à Hérodote*), sa conception du monde, de l'univers et des étoiles (*Lettre à Pythoclès*) et son éthique du bonheur (*Lettre à Ménécée*). La limite à la loi du désir permet à l'être sensé qu'est le sage de rester mesuré même dans l'exaltation.

Dans l'espace, la limite se disait en grec ancien *Péras*. C'est de là que vient le mot « périmètre ». Dans le temps, la limite se disait *Horos*. C'est de là que vient le mot « horodateur ». Epicure initiait ses élèves au plaisir de voir et de penser les limites. Et chez les Grecs, un même mot désignait « penser » et « voir » comme l'a repris Husserl dans ses écrits. Epicure était avant tout un grand observateur et voici comment il eut l'intuition que de minuscules particules constituaient la matière et qu'il nomma, après Démocrite, des *a-tomes.*

Au premier siècle avant notre ère, un rapporteur des théories d'Epicure nous suggère :

« Observez ce qui se produit quand les rayons du soleil entrent dans une maison et traversent une pièce sombre. Vous verrez alors une multitude de petites particules parcourant dans tous les sens l'espace éclairé, telle une bataille permanente où elles se précipitent l'une sur l'autre en une suite de combats singuliers. De ceci, on peut imaginer le sort des atomes sans cesse jetés les uns sur les autres dans le vide infini… Ces particules en mouvement par des chocs répétés sont à leur tour bombardées de poussières plus importantes. Ainsi, l'agitation se produit par ces atomes et apparaît à nos sens par l'intermédiaire de ces poussières mues par des collisions invisibles ». Epicure aimait observer tous les phénomènes de la nature et sa *Lettre à Pythoclès* est un chef-d'œuvre. Mais il a aussi beaucoup appris et le savoir de Thalès lui permit d'avoir d'autres intuitions. Il savait qu'un morceau d'ambre, cette belle résine dorée que l'on nommait alors en grec « electron », frotté avec un chiffon de laine, était capable d'attirer à distance des brins de paille. On savait aussi à l'époque qu'une résine fossile appelée « magnès » attirait les particules de fer : on avait découvert le « magnétisme ». Je ne peux qu'être d'accord avec Jean-Pierre Luminet qui, dans *Les Trous noirs,* remarque : « Les penseurs grecs, que l'homme moderne n'a pas dépassés, ont compris aussi la gravitation. »[60].

La gravitation ? Les atomistes grecs en connaissaient les effets. Epicure affirmait « qu'il est impossible, tellement il est petit, d'imaginer comment un atome pourrait devenir visible »[61]. Les atomes sont tous attirés vers le sol, même les poussières légères qui volent dans un rai de lumière. Ils suivent un chemin vers le centre de la Terre que l'on nomme le *clinamen.* Leurs trajectoires se croisent, s'entrechoquent et finissent en amas sur le sol. Quant à la matière, elle est composée de quelque chose nommé *dèn* auquel se mêle ce rien que l'on nommait déjà à son époque le vide et qui se disait *mè-dèn*, c'est-à-dire mot à mot : absence de matière. Suivirent les

---

[60] Luminet J.-P., *Les Trous noirs*, Paris, Le Seuil, 1992, p. 19.

[61] Lorin C., *La Leçon d'Epicure*, Le plaisir de penser, Paris, La Bruyère.1999.

savants atomistes Avogadro, Ampère, Newton, Gay-Lussac, Maxwell, Dalton et il faudra attendre au XXème siècle Rutherford pour savoir que le diamètre d'un atome est de l'ordre de 10^{-8} cm et sa masse est de 10^{-26} kg.
Toutes ces avancées scientifiques à partir du mouvement, ont conduit à étudier la rotation d'objets comme le fameux *toton* de J.B. Chardin : c'est une toupie d'enfant dont le spin est absolument gigantesque, environ 10^{30} tours par minute. Ce n'est qu'à l'échelle atomique que se manifeste la discontinuité du spin ainsi que d'autres grandeurs quantifiées comme l'énergie. Bref, la pensée contemporaine n'a pas à considérer de trop haut les « intuitions » des savants grecs même si nous savons depuis longtemps que l'atome n'est pas insécable.
Pour finir sur une observation qui relève plus de l'humour que de l'observation ou de l'acuité visuelle, voici lors de l'expédition Gemini 9, à plusieurs centaines de kilomètres de la Terre, une conversation entre Eugène Cernan et Thomas Stafford :
- « Eh ! Tom ! Que fait cette voiture immatriculée au Texas sur une autoroute californienne ? » Et Stafford réplique :
- « Quel est le numéro de l'autoroute ? »
On s'amuse bien dans l'espace quand Epicure s'invite, non ?
Quant à moi, face à certains hurluberlus qui glosent sur les extraterrestres, je dis souvent, en citant Francis Blanche: « La preuve que la Lune est habitée, c'est qu'il y a de la lumière ! »

Comment serons-nous dans cent mille ans ?

Pour être astronaute, il est nécessaire de simuler des situations avec tous les professionnels impliqués et d'anticiper des états de fait souvent improbables. C'est réalisé d'une façon très scientifique et technique et le mot d'ordre est partout et depuis longtemps, comme l'a magnifiquement illustré Gene Kranz, Flight Director à Terre de la première mission sur la Lune : « Failure is not an option ! » Sur Terre chacun doit s'adapter au quotidien à un monde qui change à toute allure. Trains et métros sans conducteur, voitures électriques bientôt volantes, drones, avancées vertigineuses des neurosciences, transplantations, cœur artificiel, chirurgie permettant à des paralysés de se mouvoir sans peine, hologrammes qui vous rendent présent dans deux endroits différents, ubiquité quantique, intelligence artificielle.... Tout cela s'est développé en une vingtaine d'années dans le monde, agrémentant quelques petits délires des apprentis sorciers de la *Silicon Valley*. Entre science-fiction et délires dysmorphophobiques, Ray Kurzweil, directeur de l'ingénierie chez Google, véritable pape du « transhumanisme » et « techno-prophète », n'est pas en reste à travers les recherches de Google Deepmind. Le fondateur de Facebook, Mark Zuckerberg ne crée plus des logiciels de simulation, mais des ordinateurs capables d'apprentissages. Les futurs Martiens seront des Terriens hyper connectés et non des petits hommes verts. Mais seront-ils comme nous ? Comment les imagine-t-on ? A cause de la microgravité, avec le temps qui passe et des idées fantasques, certains journaux n'hésitent pas à les voir grands, chauves, le visage ovale et les yeux globuleux, sans dents ni poils, avec une seule jambe (nul besoin de deux jambes en impesanteur) et un mini-cerveau ! Certains pensent même que cet homme bionique sera atteint de polydactylie ou marchera à quatre pattes ! Bref, pas très cool ce délire ! Mais, de façon moins farfelue, reprenons brièvement l'histoire.

L'Univers est apparu il y a environ 14,7 milliards d'années, la vie sur Terre quatre milliards d'années et les premiers hominidés environ 2 millions d'années. Lucy et ses frères étaient plus velus que nous et la taille de leur cerveau était moins importante que le nôtre actuellement. Les hominidés sont devenus des humains qui ont été contraints sans cesse de s'adapter aux conditions de vie sur Terre. Les scientifiques annoncent l'extinction de notre soleil dans cinq milliards d'années : cela fait froid dans le dos si je puis dire, n'est-ce pas ? En attendant cette catastrophe pour la vie sur Terre et pour l'humanité, nous essayons d'aller ailleurs. C'est ce que firent Lucy et ses congénères quittant petit à petit la rivière oldowayenne et le Rift africain pour découvrir un nouveau monde et s'adapter aux forêts, montagnes, océans, et glaciers. Bien sûr cela s'est joué sur des centaines de milliers d'années, mais le corps humain s'est lentement modifié. Actuellement le mode de vie de l'être humain s'avère très dissocié de son milieu naturel. Porter des vêtements pour se protéger des intempéries, des grandes chaleurs, comme des froids rigoureux, est un facteur qui rend inutile la pilosité tandis que la bipédie rend moins précieuse la dextérité de nos doigts de pieds. Ce qui était fonctionnel à un moment donné ne l'est plus aujourd'hui. La dentition des Néanderthaliens était puissante comparée à la nôtre. La musculature aussi.

L'homme a évolué pendant des millions d'années pour s'adapter aux changeantes conditions de vie sur Terre. Les habitants de différentes régions du monde ont des caractéristiques dissemblables en raison de particularités

géographiques et climatiques. L'évolution humaine se poursuit. Les pressions sélectives conduisent, au fil des millénaires, à des adaptations et à des conservations.
Il est très aventureux de prédire quoi que ce soit à une date si lointaine et en un temps pourtant si court pour parler d'évolution. La science ne peut rien prévoir de sérieux. Même si nous avons quelques pistes basées sur l'évolution des espèces et sur des modèles théoriques, nos hypothèses fantaisistes ne peuvent être considérées comme dignes de foi. Mais certains phénomènes sont quand même intéressants.

- **La sédentarisation** : l'humanité actuelle est nettement plus sédentaire que celle des hommes préhistoriques. L'homme « posthistorique » ne sera pas plus « ralenti » pour autant. Mais nos technologies nous sédentarisent : ascenseurs, escaliers mécaniques, voitures, avions… tout est fait pour dépenser le moins possible notre énergie pour nous déplacer. Il faut réfléchir à cela. Les astronautes sont moins sédentaires que bien des Terriens, car eux sont contraints de réaliser au minimum 2h/jour de sport intense. Nos canines notamment ne nous seront plus utiles dans quelques centaines d'années avec une alimentation de moins en moins « solide ». Pas de BBQ ni de méchouis en impesanteur ! Certains dentistes, pensent même qu'en l'an 3000, l'homme n'aura plus de dents de sagesse, mais une mâchoire plus petite pour une alimentation plus liquide.

- **La mondialisation** : nous vivons dans un brassage permanent des comportements qui se trouvent uniformisés. On assiste à un déclin des différences, alors que normalement une espèce évolue selon un principe d'isolement géographique. Les mutations génétiques intéressantes sont vouées à être diluées dans les sept milliards d'êtres humains qui cohabitent actuellement sur Terre.

- **Le vieillissement** : le développement de la médecine, de la chirurgie et l'apparition de nombreuses technologies facilitent les tâches de la vie quotidienne. Nous vivons plus longtemps qu'à l'époque grecque ou romaine où la moyenne d'âge était de 40 ans. Mark Zuckerberg a investi plusieurs milliards pour faire avancer l'espérance de vie moyenne au-delà de cent ans. L'homme pourra s'émanciper de la pesanteur du corps avec des organes bioniques et des puces électroniques pourront être greffées dans le cortex pour injecter des informations directement dans le cerveau. Les Européens pourront apprendre le chinois ou le japonais en un clic de souris !

- **L'hyperconnectivité** : avec l'avènement de l'homme hyperconnecté en permanence surgissent des maisons connectées, des machines, des logiciels, des ordinateurs remplaçant la réelle présence humaine. L'intelligence artificielle ludique et participative semble prometteuse. Serge Brin, co-fondateur de Google, prévient déjà : « Nous allons concevoir des machines qui pensent, raisonnent et feront les choses mieux que nous ». Et si la liberté, pour ne pas finir en mode débile, consistait à cesser d'être scotché à sa tablette pour mieux profiter de la vraie vie ?

-**La génomique** : on distingue la génomique structurale et la génomique fonctionnelle. L'analyse de la structure des génomes a permis leur séquençage, la création scientifique d'hybrides, les recherches sur les mutations et le développement des biotechnologies. En fait, nous ne savons pas ce qui peut muter ni quand. Pourtant un expert en génomique à l'Université de Washington pense, à propos des yeux, que nous aurons sans doute des « lentilles de communication » : d'autres chercheurs, plus fantasques affirment que l'homme aura des branchies pour vivre sous l'eau et des yeux globuleux : l'image aura pris le pas sur la lecture de textes, facilitant la vision sous-marine dans des eaux sombres après la fonte des glaciers et l'augmentation du niveau des océans en raison du réchauffement climatique.

Il est vrai que la fonte des glaciers ajoute chaque année 56 milliards de tonnes d'eau dans les océans et que les Maldives et d'autres îles encore risquent de disparaître sous les eaux. Mais de là à penser que les hommes développeront par mutation des palmes aux mains et aux pieds sur « Terre », il y a des pas que seuls des journaux à sensations comme le *Dalymail*, le *Sun* ou le *Huffington Post* osent franchir ! Quelle tête aura l'Homme dans 100 000 ans ? Une tête à claques ! disent les sceptiques ! Ils n'ont pas tort. On trouve tout et n'importe quoi dans certains médias, chacun y allant de son imagination délirante. Pour s'adapter à une faible gravité, les Terriens devenus Martiens ou Neptuniens auraient pour certains une peau très foncée pour réduire l'impact des UV nocifs et pour d'autres, une peau très blanche pour produire plus de vitamine D. C'est vraiment tout et n'importe quoi ! Il en est qui nous voient avec des jambes plus courtes pour marcher en gravité faible et des bras plus longs pour attraper les choses éloignées. Certes, les Tibétains sont génétiquement plus aptes à la vie en altitude, et notamment à la raréfaction de l'oxygène à 4500 m. Il est exact que 1/3 de l'humanité naît déjà sans dents de sagesse. Mais prudence ! Les mutations ne sont pas forcément sélectionnées par le processus évolutif. Nos gènes subissent des mutations de génération en génération et des facteurs influant sur la sélection naturelle peuvent varier très vite de sorte qu'il est impossible de prévoir les changements que provoquera l'évolution sur la morphologie des espèces. Ce n'est que si un nombre important de Terriens restaient déconnectés du reste de l'humanité pendant très longtemps que l'évolution se poursuivrait en parallèle à la nôtre. Et nous stagnerions dans notre évolution terrienne diluée par la mondialisation pendant que les autres s'adapteraient aux contraintes d'un environnement nouveau. Mais il est plus vraisemblable que nous ne connaîtrons aucune évolution spectaculaire, seulement quelques légères modifications fonctionnelles. Alors, tentez de devenir astronaute plutôt que Madame Soleil et amusez-vous des délires et des extravagances les plus « fun »

Retombées médicales et technologiques.

Ce que nous serons dans cent mille ans, il est amusant de l'imaginer, mais franchement tout le monde s'en moque. En revanche, les retombées scientifiques, médicales et technologiques nous intéressent au premier plan. Les recherches spatiales sont parfois l'objet de vives critiques. On entend par exemple : « à quoi sert de dépenser des fortunes pour aller là-haut ? Quels sont les bénéfices que nous en tirons ? Ne ferait-on pas mieux de s'occuper d'abord des gens qui meurent de faim dans nos pays ? ». Même certains scientifiques sont sceptiques. Un physicien de l'université belge de Namur signale qu'entre 1998 et 2015, seules 1200 publications scientifiques furent produites à la suite des recherches menées sur l'ISS. Rapporté au coût de la station spatiale cela revient à 88 millions d'€ dépensés pour une seule publication. En trente ans l'ISS a coûté plus de 100 milliards d'€ ! Olivier Mousi, professeur d'astrophysique à l'université d'Aix-Marseille affirme qu'avec le budget de l'ISS, qui tournicote à 400 kms de la terre (c'est-à-dire la distance Paris-Limoges), nous pourrions visiter Vénus, Mars, les satellites de Jupiter et de Saturne et explorer l'ensemble du système solaire. » D'autres critiquent le fait que le budget colossal de l'ISS est détourné à des fins politiques, stratégiques et industrielles. En effet, l'espace est indéniablement un secteur de croissance. Les sommes investies par les Etats et les entreprises de hautes technologies sont un signe porteur. L'ESA possède un programme de transfert de technologies et la NASA, grâce à une publication annuelle depuis 1976 intitulée *Spinoff*, livre régulièrement des informations sur « l'American Recovery and Re-investment Act ». Chacun peut ainsi avoir accès aux stratégies commerciales, aux budgets, et au rapport des comptes. Les investissements sont à la mesure des espoirs et des réalisations que suscitent l'exploration et l'innovation spatiales. Voici quelques chiffres publiés par *La Tribune* en 2014. Les sommes investis par l'Etat en milliards d'€ sont les suivantes[62] :

Japon : 3,7	Inde : 1,3
ESA : 4,3	Italie : 0,8
Russie : 6	Canada : 0,7
Chine : 7	Brésil : 0,3
USA : 41	Corée du sud : 0,2

L'espace booste l'économie nationale et locale. Les applications sont massivement rentrées dans notre quotidien, sans que l'on s'en rende vraiment compte. Aussi plutôt que d'entrer dans une polémique « pour ou contre la recherche spatiale », je pense utile d'évoquer quelques-unes des retombées qui sont au cœur de notre vie quotidienne. Commençons par la météo. Grâce aux observations dans l'espace, les prévisions météorologiques permettent d'anticiper les cyclones, ouragans, typhons et autres catastrophes naturelles (inondations, orages, sécheresse, canicule). Les prévisions sont plus sûres qu'il y a trente ans et permettent de donner des indications sur les changements climatiques, les incendies et servent à la détection de certaines ressources naturelles en eau ou pétrole sans avoir à creuser n'importe où. L'industrie des satellites et des lanceurs est en progression. On surveille le climat, la composition de l'atmosphère, la présence

62 Pour suivre l'évolution de ces chiffres aller sur Spinoff YouTube Channel ou consulter la revue Spinoff éditée par la NASA.

d'éventuels astéroïdes dangereux. Songez aussi, en voiture, à votre GPS (Global Positioning System) ou l'équivalent russe Glonass et le Galiléo européen, dont le guidage vous est souvent fort utile. Songez aussi aux ordinateurs, Internet, la téléphonie mobile, les centaines de chaînes de télévision, Skype… tout cela fait dire au président du CNES, Jean-Yves Le Gall : « sans satellite, la planète entière s'arrête ! ». Effectivement, songez-y quand vous vous connectez avec votre smartphone, quand vous envoyez des SMS, quand, en Europe, vous regardez en direct un match qui a lieu au Brésil ou en Australie, quand vous utilisez votre webcam ou surfez sur la Toile. Sachez aussi que l'Apollo Guidance Computer, l'ordinateur de vol qui nous a permis d'aller sur la Lune il y a presque un demi-siècle, est le grand-père de nos machines ! Il exécutait les ordres à une vitesse de 40khz, soit 100.000 fois moins vite qu'un petit ordinateur portable aujourd'hui. Dans votre voiture vous avez des airbags de sécurité. Ce système de protection fut initialement développé par la NASA et utilisé pour l'atterrissage du robot « Sojourner » sur Mars en 1996. Les matériaux à mémoire de forme sont destinés à réduire la force d'impact des vaisseaux spatiaux à leur arrivée. La matière est utilisée aussi pour les casques de moto. Certains sièges de voiture sont définis selon les critères de la NASA. Le NBP (Neutral Body Posture) est une norme pour le confort des astronautes, mais depuis 2013, Nissan applique cette norme à l'une de ses voitures. Autre élément utilisé dans l'espace pour maintenir un satellite à température constante : il est très voyant avec des reflets dorés et on l'utilise maintenant comme couverture de survie. Cette couverture isolante et réfléchissante est en Mylar. Les pompiers, les pilotes de formule 1, les employés des centrales nucléaires utilisent aussi des combinaisons ignifugées destinées à l'origine aux astronautes.

Les textiles ignifugés en fibre de Kevlar protègent contre le rayonnement thermique et les effets caloriques. Certains pneus sont composés de fibres utilisées pour le parachute du module Viking sur la planète Mars, car ils ont une durée de vie beaucoup plus longue. On fabrique en impesanteur de nombreux alliages plus légers en titane-aluminium que l'on utilise par exemple pour les aubes de réacteurs d'avions. D'autres matériaux utilisés pour les canots de sauvetage insubmersibles étaient conçus à l'origine pour récupérer en mer les astronautes à leur retour. Dans les avions A320 et F-8 on utilise les commandes de pilotage « fly-by-wire » installées au départ dans les systèmes embarqués des fusées. L'électronique et les langages de programmation des ordinateurs sont issus des premiers vols habités Apollo dès 1960. La miniaturisation des composants était destinée à réduire le poids à bord. Les photos que vous prenez avec votre portable résultent d'un système qui transforme les ondes électromagnétiques en valeur numérique : ce mécanisme est issu des capteurs photographiques CCD (Charge-Coupled Device) développés en astronomie. Le fournisseur des services téléphoniques AT&T (USA) utilise un logiciel développé au départ par National Optical Astronomy Observatory. Les technologies de l'information ont été bouleversées. Les systèmes de données cumulées correspondant à 5 Petaoctets allègent hôpitaux, entreprises et organisations, car cette technologie correspond à 100 millions de placards à 4 tiroirs remplis de papiers ! Le suivi des lettres et colis utilise le langage informatique FORTH développé pour le télescope Kitt Peak, puis commercialisé par IBM.

Les composites dédiés initialement aux tuyères de propulseurs d'appoint des fusées sont utilisés pour les freins des TGV (composite carbone-carbone). Certains éléments composites des satellites servent maintenant aussi à la fabrication de fauteuils roulants plus légers. Les petits pots lyophilisés et enrichis pour bébé sont à l'origine conçus pour les programmes spatiaux. Les couches-culottes aussi : les spationautes au début avaient des combinaisons incluant des matériaux absorbants pour leurs besoins naturels. La technologie spatiale s'invite aussi dans votre atelier de bricolage. C'est sur demande de la NASA que la Société Black et Decker a conçu le tournevis électrique et la perceuse sans fil, utilisés au départ en sortie extravéhiculaire pour réparer les avaries. Les applications médicales sont nombreuses et je n'en citerai que quelques-unes. Contre le diabète, la pompe à insuline a été inspirée par le laboratoire du vaisseau spatial Viking en 1986. Les machines à dialyse sont issues du système de recyclage des fluides dans les missions Apollo. Elles servent à filtrer les éléments toxiques de l'urine en cas d'insuffisance rénale. La mission *Proxima* avec Thomas Pesquet a permis un suivi des qualités du sommeil et un suivi nutritionnel qui seront utiles pour le traitement des insomnies et des troubles alimentaires. Vous avez peut-être un jour passé une IRM. Cette technique est due aux ingénieurs du programme Apollo qui voulaient améliorer la qualité des photos de la surface lunaire en vue de préparer les atterrissages. Son application en médecine permit de visionner divers organes du corps et des tissus potentiellement atteints. En médecine on utilise aussi les tests sanguins ultra-rapides et les diodes électroluminescentes. La télémédecine est la grande bénéficiaire de la recherche spatiale. Elle permet en effet d'améliorer sur Terre l'accès aux soins des populations isolées comme j'ai pu le constater en Australie avec les Aborigènes du Red Center et au Groenland avec les Inuits d'Alaska. La télémédecine a consisté récemment à réaliser des échographies à bord de l'ISS contrôlées de la Terre. Des explorations cardio-vasculaires furent également pratiquées. Les recherches sur la densité osseuse permettent de développer des vaccins et celles réalisées sur l'activité cérébrale permettent de mieux comprendre les AVC et les traumas crâniens. Vos yeux peuvent bénéficier de lentilles anti-rayures créées pour l'espace et les personnes handicapées peuvent profiter de prothèses et d'exosquelettes. Les agrafes en alliage nickel-titane sont maintenant utilisées en chirurgie de même que les tubes Stents pour déboucher les artères. Pour en savoir plus, vous pouvez lire le *Telemedicine Journal and e-health.* Bref les champs d'application des avancées liées à l'exploration spatiale sont gigantesques. Plus de 2000 technologies sont passées de l'aérospatiale à des domaines de notre vie quotidienne. Sachez enfin qu'un seul euro dépensé en recherche spatiale rapportera 20 euros dans les vingt ans à venir. S'il y a un domaine qui peut sortir l'Europe de sa crise économique, ne serait-ce pas, peut-être aussi, la conquête spatiale ?

En route vers les étoiles !

Comme *Le Fils du Père Noël*[63] d'un de mes contes pour enfants, asseyez-vous donc à califourchon sur un rayon de lumière et suivez-moi, nous allons filer vers mille milliards de galaxies ! Ouvrez-vous simplement au ciel bouillonnant d'étoiles, laissez-vous aller et foncez ! Bon, certes, le Soleil, vous connaissez. Depuis les *Pioneer* et les *Hélios* des années 1960, nous connaissons ses vents et même son poids, 1,98. 10^{30} kg, mais lui ne s'en aperçoit pas : il est en impesanteur !
Les poètes romantiques allemands nous disent que « soleil » (*Die Sonne*) rime toujours avec « délice » (*Die Wonne*), mais les scientifiques nous rappellent qu'un jour, ce bel astre disparaîtra : alors que Baudry et les chanceux de l'ISS l'ont vu en un jour se lever seize fois de suite, eh bien, un jour, il ne se lèvera plus. Un jour, il n'y aura plus de jour. Tout le système solaire disparaîtra. Mais ne soyons pas triste. Nous connaissons un peu Mercure, Saturne, Vénus et Jupiter pour les avoir survolés, la Lune, évidemment, bientôt Mars et déjà la sonde *New Horizon* a dépassé Pluton et quittera complètement le système solaire en... 2029, c'est-à-dire demain !
Cela fait à peine dix ans que nous avons détecté en direct les exoplanètes qui orbitent autour d'étoiles situées à 400 années-lumière de notre système solaire et au 31 mars 2017, on en comptait exactement 3607 confirmées. Autour de la seule étoile Trappist-1, on compte sept planètes telluriques dont trois sont en zone habitable et dont les dimensions sont proches de celles de la Terre, avec une température très

[63] Lorin C., *Les deux grands fils du Père Noël*, in La Fêtes des pères, Paris, Vinci, 1996.

abordable pour nous, pauvres humains et de l'eau liquide pour nous rafraîchir. En fait, il existe au moins cent milliards de planètes gazeuses (car trop proches de leur étoile-hôte), mais continuons à chercher une zone habitable pour survivre. Vous allez me dire : « Même Mars, c'est très loin, alors Mercure, Saturne, Vénus, Jupiter, etc., c'est vraiment très loin ! ». « Très près, très loin, qu'est-ce que cela veut dire », disait Sartre à propos de l'Argentine. Loin de quoi ? En effet, « si un ver à soie appelait le petit duvet qui entoure sa coque, disait Voltaire, il raisonnerait comme les Anciens qui donnaient le nom de ciel à l'atmosphère ». En fait, ce n'est pas Aristote qu'il faut écouter, mais le Jules Verne de l'ancienne Russie, Konstantin Tsiolkovski : « La Terre est le berceau de l'humanité, mais on ne vit pas toujours dans un berceau ». Alors, sortons de nos langes et levons-nous autant que nous pouvons nous élever, poursuivons, laissons-nous fasciner par un ailleurs susceptible de sauver l'espèce humaine.

Regardez au loin dans la constellation du Grand Chien, cette gigantesque étoile, la VY Canis Majoris à 5000 années-lumière de la Terre ! Elle fait deux milliards de km de diamètre et un peu plus loin « l'étoile Grenant » est 1200 fois plus grande que le soleil. Une fois passée la constellation de Céphée, vous trouverez à 75 000 années-lumière, l'étoile Eta Carinae qui ne fait, certes, que 250 fois la taille du soleil, mais qui est un million de fois plus brillante ! Elle risque d'exploser bientôt et cela sera l'occasion d'un formidable feu d'artifice céleste !

Plus loin encore, indique le guide du routard des étoiles, à environ 10 000 années-lumière, vous trouverez UY Scuti dans la constellation de l'Ecu de Sobieski. Ne passez pas à côté de l'amas R 136, qui, dans l'extraordinaire nébuleuse de la Tarentule, brille autant que dix millions de soleils ! C'est à ce jour l'étoile la plus massive connue et personne ne comprend pourquoi elle est aussi gigantesque !

Alors filez ! Dévorez le monde infini ! Soyez aérien tel l'aiglon vers les cieux ! Foncez ! Laissez-vous envoûter par le vertige de l'Etre abyssal ! Dépassez les Géantes rouges, les oranges, les bleues, évitez les trous noirs, zieutez Bételgeuse, filez encore, plus loin après Mu Cephei et d'autres super-géantes, Alpha Scorpii A brille comme 700 millions de soleils, allez, envolez-vous !, *Go ! Fly away ! Poekhali ! Fliegen weg ! Tobu ! Ikimasu !* Des centaines de milliards d'étoiles vous attendent, filez, laissez-vous gagner par l'immensité intergalactique où fuient les galaxies innombrables ! Génial, non ? La Voie Lactée ? Comme elle est rikiki, et nous encore plus, dans notre tout petit système solaire !

Les photos de Hubble sont sidérantes, chaque galaxie comprend des milliards d'étoiles et des galaxies il y en a, tenez-vous bien, des milliards de milliards dans notre seul univers, mais après tout, des univers, combien y en a-t-il ? Sans doute y a-t-il un moment où il faudra s'arrêter... Plus on voit loin, plus on remonte dans le temps : les galaxies que nous voyons n'existent sans doute plus et au-delà de quinze milliards d'années, que verrez-vous ? La création de l'univers ! Mais je donne à parier que vous ne verrez rien et moi non plus... Alors pourquoi cette course folle ? Pour satisfaire notre « curiosity » d'enfants devenus adultes, pour tenter de savoir d'où nous venons. De l'ISS, vous pouvez voir, entre autres, la Grande Muraille de Chine, l'Uluru sacré de l'Outback australien, le Baïkal sublime et gelé, le mystérieux Machu Pichu perdu dans les Andes, les glaciers de l'Arctique et peut-être aussi comme l'a dit Salvador Dali, le centre de l'univers, c'est-à-dire, selon lui... la gare de Perpignan ! Alors, osez être curieux de tout et donnez-vous-en les moyens. Enrichissez-vous ! Ayez la tête ardente et l'élan victorieux ! Soyez impatient d'apprendre tout ce qu'il est possible de connaître sur les mystères célestes ! Enflammez votre savoir, votre sensibilité, votre intelligence avec audace et devenez astronaute en partant en mission pour l'infini... Et pour cela, apprenez, apprenez ! Toute votre vie doit tendre vers le savoir à la fois abstrait et pratique. Einstein avait raison : « Un savant doit gagner sa vie avec un métier de savetier ». Chez aucun des astronautes que j'ai rencontrés, je n'ai senti que l'abstraction nécessaire en math, physique, ingénierie pût être desséchante pour l'esprit ou pût fermer le cœur aux sentiments. J'ai trouvé que tous s'affranchissaient des vieilles oppositions entre « littéraire » et « scientifique » abolissant les contrastes entre l'objectif et le subjectif : ces tendances finissent par s'estomper, mêlant réflexions, observations invocations, descriptions en une fine dialectique. Ainsi le scientifique s'associe au lyrique pour décrire un état presque inénarrable qui confine au sublime. Claudie Haigneré achève son livre sur un poème, et J.-L. Chrétien sur les douces notes d'une Sonate au clair de Terre. Cet état incroyable fait dire à Patrick Baudry : « Cette couronne qui entoure la Terre, c'est merveilleux ! Impossible de voir quelque chose de plus beau, de plus émouvant. Je vis les heures et les secondes les plus fantastiques de ma vie ! Cinq années de travail quotidien pour en arriver là, c'est plus que merveilleux !... Celui qui a inventé la fusée est un génie ! »[64]. De tels moments d'extase, c'est cela même que j'ai nommé l'*eunoïa*, ce plaisir extrême qui n'a rien à voir avec la jouissance des sexologues ou le Nirvana des Bouddhistes. « C'est encore plus grandiose que la chute libre, poursuit Patrick Baudry, ça dure éternellement, du soir au matin, du matin au soir, mais il n'y a ni matin ni soir »...

---

[64] Baudry P., *Aujourd'hui, le soleil se lève seize fois*, *op. cit.* p. 202.

Nous retrouvons les concepts d'Epicure : *a-péras* et *a-horos*, il n'y a plus de limite dans l'espace ni dans le temps. « Je me prends à rêver de rester un peu plus longtemps dans cet océan de bonheur et de quiétude », conclut Baudry. Bref, quitte à se laisser aller à la toute-puissance de l'infini, mieux vaut être eunoïaque que paranoïaque !

Mais qu'est-ce donc enfin que ce sentiment d'*eunoïa* ? C'est une émotion de plaisir intense et de fascination quasi-mystique qu'éprouve notre esprit devant l'incroyable et magnifique chaos qu'est l'ordre cosmique. Pour atteindre cet état suprême de plaisir qui confine à l'extase, faites fonctionner les deux hémisphères de votre cerveau, soyez à la fois logique et sentimental, rigoureux et romantique, adepte de Pythagore et de Rimbaud, réconciliez Einstein et Goethe comme le fit Saint-Exupéry avec ses machines de feu d'un côté et son *Petit Prince* de l'autre. Il existe pour nous tous une unité substantielle de la science et de la vie. Pour devenir astronaute nul ne vous demandera, surtout si vous êtes une femme (!) d'être un surhomme : il suffit de s'efforcer de devenir simplement un être assez « complet ». Un être pour qui science et art sont les valeurs de toutes les valeurs. J'ai voulu ici simplement encourager mon lecteur à participer à l'aventure spatiale et y sensibiliser le grand public. Et cela, car rien, à mes yeux, n'est plus fantastiquement humain que la vocation de l'esprit lié de toutes ses forces à la compréhension de l'univers, à ses surprises, ses secrets et la découverte de ses lois.

FIN

Annexe1 (Chap. « Série, fais-moi peur ! »)

Réponses aux questions des pages 81 et 82.

Série 1 : 72
Série 2 : S
Série 3 : HEROS
Série 4 : le chiffre à trouver était le 7
Série 5 : le mot à trouver est : RAMER
Série 6 : le chiffre à trouver était le 4
Série 7 : le nombre à trouver était le 1400
Série 8 : le mot à trouver est : TERRE
Série 9 : Z et N
Série 10 : A et

Annexe 2 : Universitad Nacional de Colombia (Bogota)

En mars 2017, après ma rencontre à l'Universitad Nacional de Colombia avec Carmen Lucia Diaz Leguizamon, directrice de la Escuela de Estudios en Psicoanalisis y Cultura, j'ai pu colliger certains faits étonnants. La cupidité de certains hurluberlus qui prétendent être propriétaires de la Lune est affligeante et se mêle à de grands délires. Après l'Allemand Martin Juigens en 1856 affirmant que la Lune était sa propriété par un don du roi de Prusse à sa famille, il y eut l'Anglais A. Dean Lindsey en 1936, puis l'Américain Robert R. Coles, ex-président du Planétarium de New York en 1948, le Chilien Jenaro Gajardo Vera en 1953. Depuis 1980, le millionnaire Dennis Hope vend des terrains à des clients assez crédules pour le croire lui aussi propriétaire de la Lune, de Mars, de Mercure… Il prétend avoir vendu plus de 300 millions d'hectares de terre lunaire en 30 ans par l'intermédiaire de son agence. Dans son délire intergalactique, il entend exploiter les ressources de la Lune en particulier des réserves d'Hélium 3. Un ambassadeur lunaire remet des titres de propriété aux Bouvard et Pécuchet une fois qu'ils ont payé. La *Lunar Republic Society* lui fait concurrence. En fait, tous font fi du Traité International de 1979 qui interdit la propriété privée des territoires extraterrestres. Parmi les vendeurs ou les acheteurs, il semble qu'il y en ait bon nombre qui ne soient pas assez riches pour se payer un cerveau ! En tout cas, selon le Traité International signé par la plupart des pays, et pour notre plus grand bonheur, la Lune n'appartient à personne et reste définie comme « une province de l'humanité »

Annexe 3 : *In Memoriam*

Les exploits des vivants ne doivent pas nous faire oublier les courageux pionniers disparus en mission.
Je dédie aussi ce livre à leur mémoire.

Virgil I Grisson (1926-1967)
Edward H. White (1930-1967) } Apollo 1
Roger B. Chaffee (1935-1967)

Vladimir Komarov (1927-1967) Vostkhod 1 et Soyouz 1

Vladimir N. Volkov (1935-1971)
Eogi Dobrovosky (1928-1971) } Soyouz 11
Viktor I. Patsayer (1933-1971)

Francis R. Scobee (1939-1986)
Michaël J. Smith (1945-1986)
Judith A. Resnik (1949-1986)
Ellison S. Onizuka (1946-1986)
Ronald E. Mc Nair (1950-1986)
Gregory B. Jarvis (1944-1986)
Sharon C. Mc Auliffe (1948-1986)

Rick Husbard
William Mc Cool
David Brown
Laurel Clark
Kalpana Chawla
Michaël Anderson
Ilan Ramon (Israël)

L'HARMATTAN ITALIA
Via Degli Artisti 15; 10124 Torino
harmattan.italia@gmail.com

L'HARMATTAN HONGRIE
Könyvesbolt ; Kossuth L. u. 14-16
1053 Budapest

L'HARMATTAN KINSHASA
185, avenue Nyangwe
Commune de Lingwala
Kinshasa, R.D. Congo
(00243) 998697603 ou (00243) 999229662

L'HARMATTAN CONGO
67, av. E. P. Lumumba
Bât. – Congo Pharmacie (Bib. Nat.)
BP2874 Brazzaville
harmattan.congo@yahoo.fr

L'HARMATTAN GUINÉE
Almamya Rue KA 028, en face
du restaurant Le Cèdre
OKB agency BP 3470 Conakry
(00224) 657 20 85 08 / 664 28 91 96
harmattanguinee@yahoo.fr

L'HARMATTAN MALI
Rue 73, Porte 536, Niamakoro,
Cité Unicef, Bamako
Tél. 00 (223) 20205724 / +(223) 76378082
poudiougopaul@yahoo.fr
pp.harmattan@gmail.com

L'HARMATTAN CAMEROUN
TSINGA/FECAFOOT
BP 11486 Yaoundé
699198028/675441949
harmattancam@yahoo.com

L'HARMATTAN CÔTE D'IVOIRE
Résidence Karl / cité des arts
Abidjan-Cocody 03 BP 1588 Abidjan 03
(00225) 05 77 87 31
etien_nda@yahoo.fr

L'HARMATTAN BURKINA
Penou Achille Some
Ouagadougou
(+226) 70 26 88 27

L'HARMATTAN SÉNÉGAL
10 VDN en face Mermoz, après le pont de Fann
BP 45034 Dakar Fann
33 825 98 58 / 33 860 9858
senharmattan@gmail.com / senlibraire@gmail.com
www.harmattansenegal.com

www.ingramcontent.com/pod-product-compliance
Lightning Source LLC
LaVergne TN
LVHW011011061026
849535LV00006B/1830